Martin Rentzsch

Resonanzwandler für die Erzeugung hoher Gleichspannungen

TUD*press*
2009

Bibliografische Information der Deutschen Nationalbibliothek
Die Deutsche Nationalbibliothek verzeichnet diese Publikation in der Deutschen Nationalbibliografie; detaillierte bibliografische Daten sind im Internet über http://dnb.d-nb.de abrufbar.

Bibliographic information published by the Deutsche Nationalbibliothek
The Deutsche Nationalbibliothek lists this publication in the Deutsche Nationalbibliografie; detailed bibliographic data are available in the Internet at http://dnb.d-nb.de.

Zugl.: Dresden, Techn. Univ., Diss., 2009

ISBN 978-3-941298-36-1

Verlag der Wissenschaften GmbH
Bergstr. 70 | D-01069 Dresden
Tel.: 0351/47 96 97 20 | Fax: 0351/47 96 08 19
http://www.tudpress.de

Gesetzt vom Autor.
Druck und Bindung: Sächsisches Digitaldruck Zentrum GmbH
Made in Germany.

Technische Universität Dresden

Resonanzwandler für die Erzeugung hoher Gleichspannungen

Dipl.-Ing. Martin Rentzsch

von der Fakultät Elektrotechnik und Informationstechnik der

Technischen Universität Dresden

zur Erlangung des akademischen Grades eines

Doktoringenieurs

(Dr.-Ing.)

genehmigte Dissertation

Vorsitzender:	Prof. Dr.-Ing. Steffen Großmann		
Gutachter:	Prof. Dr.-Ing. habil. Henry Güldner	Tag der Einreichung:	31.03.2008
	Univ.-Prof. Dr.-Ing. Klaus Hoffmann	Tag der Verteidigung:	08.05.2009
	Prof. Dr.-Ing. Hari Bruno Mohr		

Vorwort

Die vorliegende Arbeit entstand während meiner Tätigkeit bei der GWT-TUD GmbH an der Professur Leistungselektronik des Elektrotechnischen Instituts der TU-Dresden in enger Zusammenarbeit mit der iseg Spezialelektronik GmbH.

Mein besonderer Dank gilt daher Herrn Prof. Dr.-Ing. habil. Henry Güldner für die Möglichkeit der Durchführung dieser Arbeit. Seine wertvollen Anregungen und Hinweise trugen wesentlich zum Gelingen dieser Arbeit bei.

Weiterhin danke ich Herrn Univ.-Prof. Dr.-Ing. Klaus Hoffmann und Herrn Prof. Dr.-Ing. Hari Bruno Mohr für die Übernahme der weiteren Gutachten.

Allen Mitarbeitern und Studenten der Professur Leistungselektronik möchte ich für ihre vielfältige Unterstützung danken. Besonders hervorheben möchte ich Frau Dr.-Ing. habil. Inge Witte, Herrn Dr.-Ing. Jens Rost, Herrn Dr.-Ing. Frank Benecke und Herrn Chester Hilton Ditmanson M.Sc.

Darüber hinaus danke ich den Geschäftsführern der iseg Spezialelektronik GmbH, Herrn Dr. rer. nat. Frank Gleisberg und Herrn Dr. rer. nat. Joachim Pöthig, die mit ihrer Unterstützung entscheidend zum Gelingen dieser Arbeit beigetragen haben.

Schließlich bedanke ich mich bei meinen Eltern und meinem Freundeskreis für die Unterstützung und Ermunterung, die ich durch sie erfahren habe.

Dresden, im August 2009

Martin Rentzsch

Inhaltsverzeichnis

Formelzeichen und Abkürzungen

Die in den folgenden Beschreibungen verwendeten Formelzeichen, Symbole und Abkürzungen werden grundsätzlich an der Stelle des ersten Auftretens definiert. Allgemein gilt aber, dass unterstrichene Größen komplex sind, fett gedruckte Formelzeichen charakterisieren Matrizen und mit Pfeil gekennzeichnete Symbole stellen Vektoren dar. Aus diesem Grund enthält die folgende Aufstellung auch nur die wesentlichsten Formelzeichen und Abkürzungen.

Formelzeichen und Symbole:

C	Kondensator
D	Diode
D_T	Tastverhältnis
f	Frequenz
i_{RES}	Momentanwert Resonanzstrom
L	Spule
n	Stufenanzahl der Greinacher-Kaskadenschaltung
P	Leistung
q	Ladung
Q	Güte
R	Widerstand
s	Laplaceoperator
S	Leistungshalbleiter
t	Zeit
T	Periode
T_H	Hochspannungstransformator
u	Momentanwert der Spannung
U	Gleichspannung, Mittelwert der Spannung
$\hat{U}$	Amplitude der Wechselspannung
$ü$	Übersetzungsverhältnis
x	Zustandsgröße
z	Z-Operator
$\underline{Z}$	Impedanz

α_c	Verhältnis von C_P/C_S
δ	Welligkeit
ψ	$\pi-\theta$
ϑ	Winkel allgemein
θ	Leitdauer des Gleichrichters
φ_{vor}	Vorverschiebungswinkel
ω	Kreisfrequenz

Abkürzungen:

ADC	Analog-digital-Wandler
Al_2O_3	Aluminiumoxid
AlN	Aluminiumnitrid
DAC	Digital-analog-Wandler
DC	„Direct Current“
FPGA	„Field Programmable Gate Array“
PI	Proportional-Integral
PID	Proportional-Integral-Differential
PFC	„Power factor correction”
PWM	Pulsweitenmodulation
SMD	„surface-mounted device“
VHDL	„Very High Speed Integrated Circuit Hardware Description Language“
ZVS	„zero voltage switching“
ZCS	„zero current switching“

Verzeichnis der Abbildungen und Tabellen

Abbildungen

Tabellen

1 Einleitung

Der Stromversorgungsmarkt zeigt weltweit seit Jahren steigende Umsätze [47, 27]. Einer Studie der IMS Research Group [46] zufolge, betrug das Wachstum dieser Branche im Jahr 2007 sieben Prozent. Der Umsatz im Jahr 2006 wird mit 14,8 Milliarden US Dollar angegeben [46]. Für das Jahr 2012 sieht die Prognose ein moderates Wachstum mit einem Umsatz von 20,8 Milliarden US Dollar vor [46]. Schaltnetzteile dominieren den Stromversorgungsmarkt mit einem Anteil von mehr als 80% [90]. Stromversorgungen mit einem Linearregler zeigen zwar ein kontinuierliches Wachstum sind aber im Vergleich zu den Schaltnetzteilen als Nische zu betrachten.

Den größten Marktanteil haben Stromversorgungen für Systeme, Geräte und Kompo-nenten der Informationstechnik und der modernen Rechentechnik [90, 110]. Neben den klassischen Spannungsebenen und Leistungsbereichen zeigt sich speziell bei der Prozessorversorgung die Tendenz zu extrem niedrigen Versorgungsspannungen und damit aber auch zu hohen Strömen. Weitere Markt dominierende Produkt-gruppen sind u.a. Ladegeräte für mobile Anwendungen (Mobilfunk, Digitalkamera, Notebook) sowie Desktopversorgungen [110].

1.1 Motivation

Laut einer Studie der Darnell Research Group [27] verzeichnen aber auch Nischenanwendungen ein stetiges Wachstum. Dazu gehören u.a. Stromversorgungen für die Medizin- und Hochspannungstechnik. Die Einsatzgebiete der Hochspannungsversorgungen bis 100 kV und im Leistungsbereich von 50 W bis 10 kW sind vielfältig:

- Prüfung von Geräten für die elektrische Energieübertragung (Hochspannungskabel),
- Physikalische Forschung (Beschleunigung geladener Teilchen, Neutronenquellen, Elektronenmikroskopie),
- Elektromedizin (Röntgentechnik, Elektrotherapie) sowie
- Elektrostatik (Rauchgasfilter, Farbspritzanlagen, Pulverbeschichtungen) [6]

In diesem Marktsegment sind selten Großserien gefragt, sondern oftmals Kleinserien mit sehr speziellen Anforderungen. Dies erfordert eine große Flexibilität und ein sehr schnelles Reagieren auf aktuelle Anforderungen des Marktes. Typisch für den Stand der Technik der Hochspannungsversorgungen sind:

- hart schaltende Wandler mit analogen Reglern,
- nicht ölfreie Hochspannungskaskaden bzw. –filter sowie
- zunehmend netzfreundliche Gleichrichterschaltungen (PFC-Technik).

Die Nachfrage für Hochspannungsversorgungen mit einer deutlich erhöhten Leistungsdichte ist stetig steigend. Im zu betrachteten Spannungs- und Leistungsbereich sind Innovationen nicht maßgeblich durch neue Schaltungstopologien gekennzeichnet. Der Einsatz von Schaltentlastungstechniken (resonantes Schalten) ermöglicht die Erhöhung der Betriebsfrequenz bei gleichzeitiger Senkung der Schaltverluste. Die damit auch verbundene mögliche Verringerung der Baugröße der passiven Komponenten des Resonanzkreises, des Ausgangskondensators und der Kühlelemente für die Leistungshalbleiter sowie der Verzicht auf Snubberkreise führen zu einem geringeren Bauvolumen. Geeignete Ansteuerstrategien reduzieren die in den passiven Bauelementen des Resonanzkreises gespeicherte Energie und erhöhen damit den Wirkungsgrad der Hochspannungsversorgung. Neuartige bzw. bisher in diesem Segment noch nicht eingesetzte Werkstofftechnologien lassen einen Innovationssprung erwarten. Dazu gehören u.a. moderne Keramikwerkstoffe als Basismaterial für die hochisolierenden Verdrahtungsträger von Hochspannungsgleichrichtern. Der Einsatz rekonfigurierbarer digitaler Schaltkreise für die Regelung gewährleistet eine Flexibilität gegenüber Änderungen im Reglerdesign bzw. der Gerätefunktionalität.

Bezogen auf den Stand der Technik ist es somit möglich den Wirkungsgrad zu erhöhen, ein besseres Führungs- und Störgrößenverhalten sowie erweiterte Funktionalitäten zu realisieren. Dazu gehört u.a.:

- die Prozesssteuerung,
- die Fernwartung und -parametrierung,
- die Erfüllung bestehender und zu erwartender Normen (elektromagnetische Verträglichkeit EMV) sowie
- ein weltweit möglicher Einsatz.

Für die Auswahl geeigneter Schaltungsstrukturen ist es erforderlich einen Variantenvergleich möglicher Resonanzwandler durchzuführen. Die notwendige Optimierung der gewählten Schaltungskonfigurationen beinhaltet die Analyse, Modellbildung, Simulation sowie Verifikation durch Messungen am Demonstrator.

1.2 Eigenanteil des Autors

Im Rahmen der vorliegenden Arbeit werden Schaltungstopologien für Hochspannungsversorgungen untersucht, die einen stabilen Betrieb von „Kurzschluss bis Leerlauf" zulassen und eine variable Ausgangsspannung bereitstellen.

Im Leistungsbereich von 100 W bis 1 kW gelten heute Zweischaltertopologien als optimal [42]. Für den Klasse-D-Wechselrichter hat der Autor im Rahmen dieser Arbeit ein neuartiges Ansteuerkonzept entwickelt. Mit Hilfe einer asymmetrischen Ansteuerung der Leistungshalbleiter lässt sich die Grundschwingung der Wechselrichterausgangsspannung variieren und damit die Ausgangsspannung der Hochspannungsversorgung regeln.

Es wurde vom Autor der Nachweis erbracht, dass ein aus Aluminiumoxid bestehendes Substrat als hochisolierender Verdrahtungsträger mit sehr guten thermischen Eigenschaften in einem Hochspannungsgleichrichter bzw. in einer Spannungsvervielfacherschaltung eingesetzt werden kann.

Für die Beschreibung des stationären Zustands bzw. die Erarbeitung einer Entwurfsmethode des Klasse-D-Wandlers erfolgte im Rahmen dieser Arbeit eine Erweiterung der Verfahren nach Ivensky [48] und Cavalcante [16] unter Beachtung der Funktionalität des asymmetrisch geschalteten Klasse-D-Wechselrichters und der Greinacher-Kaskadenschaltung.

Ein weiterer Beitrag des Autors ist die Ableitung eines analytischen Modells für den Klasse-D-Wandler mit Greinacher-Kaskadenschaltung. Ausgehend von diesen nichtlinearen Gleichungen, die das Großsignalverhalten der Wandlerstruktur beschreiben, kann in Abhängigkeit des Arbeitspunktes ein Kleinsignalmodell erstellt werden. Basierend auf diesem linearisierten Modell lassen sich der Entwurf und die Synthese des Ausgangsspannungsreglers mit bekannten Verfahren [33, 70] durchführen.

Die digitale Umsetzung der Sägezahnfunktion, die unabhängig von der Periodendauer eine konstante Amplitude im stationären Zustand aufweist, wird vom Autor in einem eigenen Kapitel detailliert untersucht und dargestellt. Weiterhin wird eine Methode der Implementierung eines Reglers (gleichzeitige Regelung von Ausgangsspannung und –strom) in ein „Field Programmable Gate Array" (FPGA) vorgestellt. Außerdem werden alle Ansteuer- und Regelalgorithmen des Klasse-D-Wandlers in das FPGA implementiert.

1.3 Aufbau der vorliegenden Arbeit

Gegenstand von Kapitel 2 ist eine Untersuchung der für die Hochspannungserzeugung geeigneten Topologien. Es erfolgt eine Klassifizierung und Bewertung der Schaltungsstrukturen basierend auf der Anzahl der Leistungshalbleiter.

Kapitel 3 befasst sich mit der Greinacher-Kaskadenschaltung als eine Variante der Spannungsvervielfacherschaltungen. Das stationäre als auch das dynamische Verhalten dieser Schaltung wird analytisch beschrieben. Ein weiterer Bestandteil dieses Kapitels sind Untersuchungen der in der Greinacher-Kaskadenschaltung eingesetzten Dioden. Für einen ölfreien Aufbau werden verschiedene Feststoffumhüllungen bzw. alternative Leiterplattenwerkstoffe analysiert.

Gegenstand von Kapitel 4 sind Untersuchungen des stationären und dynamischen Verhaltens der nach Kapitel 2 favorisierten Zweischaltertopologie. Die Entwicklung eines Entwurfsverfahrens des Klasse-D-Wandlers mit Greinacher-Kaskadenschaltung ist außerdem Bestandteil des Kapitels. Weiterhin erfolgt die Ableitung eines analytischen Modells der Wandlerstruktur.

Die digitale Umsetzung der im Rahmen der Arbeit diskutierten Ansteuer- bzw. Regelalgorithmen für den Klasse-D-Wandler sind Gegenstand des ersten Abschnitts von Kapitel 5. Basierend auf dem abgeleiteten Kleinsignalmodell des Klasse-D-Wandlers erfolgt die Synthese eines Reglers. Ein weiterer Abschnitt beschäftigt sich mit einer detaillierten Beschreibung des aufgebauten Demonstrators. Die Leistungsfähigkeit und Genauigkeit des in Kapitel 4 erstellen Großsignalmodells des Klasse-D-Wandlers wird anhand einer Vielzahl von Messungen am Demonstrator bestätigt.

In der Zusammenfassung erfolgt eine Analyse der Ergebnisse der vorliegenden Arbeit. Vorschläge für weiterführende Arbeiten werden präsentiert.

2 Wandlerkonzepte für die Erzeugung hoher Ausgangsspannungen

Der Betrieb von Schaltnetzteilen für die Erzeugung hoher Ausgangsspannungen wird wesentlich durch die parasitären Elemente des Transformators und des Hochspannungsgleichrichters beeinflusst [38, 54, 94]. Diese ergeben sich einerseits aus der Forderung zusätzlicher Luft- und Kriechstrecken, um Überschläge und Teilentladungen zu vermeiden und anderseits durch das benötigte hohe Übersetzungsverhältnis [16, 94]. Die wegen der abnehmenden Kopplung zwischen Primär- und Sekundärwicklung erhöhte Streuinduktivität und die den hohen Windungszahlen bzw. dem Aufbau des Hochspannungsgleichrichters geschuldete signifikante parasitäre Kapazität führen in hart schaltenden Topologien zu erhöhten Schaltverlusten [37] und reduzieren den Wirkungsgrad sowie die Zuverlässigkeit des Wandlers [54]. Nach [38] sind Topologien wie z.B. Sperrwandler und Flusswandler nur bedingt bei einer Ausgangsspannung größer als 1 kV benutzbar und bei Ausgangsspannungen größer als 3 kV nicht mehr effizient einsetzbar. Resonanzwandlerstrukturen nutzen in Abhängigkeit ihres Aufbaus die parasitären Elemente des Hochspannungstransformators und des Hochspannungsgleichrichters als passive Bauelemente und ermöglichen im Betrieb eine Schaltentlastung der Leistungshalbleiter [37, 54, 115, 113, 120, 53]. Eine damit verbundene Reduktion der Schaltverluste führt zu einer Verkleinerung der Kühlelemente für die Leistungshalbleiter und damit zu einem geringeren Bauvolumen bzw. zu einer höheren Leistungsdichte des Resonanzwandlers. Ausnahmen bilden u.a. der Eintaktsinuswandler und der Gegentaktsinuswandler [38] (Abschnitt 2.1.2 bzw. 2.2). Diese Schaltungsstrukturen werden in einem Resonanzmodus betrieben, ihre Leistungsschalter unterliegen im Betrieb jedoch keiner Schaltentlastung. Das Verhältnis der Betriebsfrequenz des Wandlers zu der Resonanzfrequenz der Schwingkreiselemente bestimmt die Art der Schaltentlastung. Die Betriebsfrequenz des Wandlers kann mit Hilfe der Schaltentlastung deutlich gesteigert werden, ohne auch die dynamischen Anforderungen an die Leistungshalbleiter zu erhöhen [37]. Eine damit verbundene Verkleinerung der verbliebenen passiven Komponenten im Resonanzkreis ist nur ein Vorteil. Darüber hinaus ergibt sich eine Reduktion der Ausgangskapazität und damit eine Erhöhung der Regeldynamik. Die Filtercharakteristik des Resonanzkreises bewirkt einen näherungsweise sinusförmigen Resonanzstrom bzw. eine Transformatorspannung mit geringer Oberschwingungsbelastung [113, 38]. Neben der deutlichen Reduktion der frequenzabhängigen Verluste [62], beispielsweise in den Kernmaterialien oder im Dielektrikum der Kondensatoren, werden die Dioden des Gleichrichters geringer belastet [38]. Notwendige Maßnahmen zur Vermeidung von Störeinkopplungen können dadurch verringert werden und begünstigen einen kompakten Gesamtaufbau. Die innere elektromagnetische Verträglichkeit des Wandlers erhöht sich [80]. Ein Nachteil der Resonanzwandler ist der im Vergleich zu hart schaltenden Topologien erhöhte Steuerungs- bzw. Regelungsaufwand. Weiterhin stehen nach [61, 111] einer Wirkungsgraderhöhung durch die Schaltentlastung, erhöhte Leitverluste in den Bauelementen gegenüber. Letztere sind eine Folge des höheren Resonanzstromes.

Im Folgenden werden ausschließlich für die Hochspannungserzeugung geeignete Topologien untersucht:

- die eine Ausgangsspannung von mehr als 5 kV bereitstellen können und
- einen stabilen Betrieb von Kurzschluss bis Leerlauf gewährleisten.

Eine Klassifizierung der Resonanzwandlerstrukturen erfolgt anschließend nach der Anzahl der Leistungshalbleiter (Tabelle 2-1). Strukturen für eine Ausgangsleistung von 10 kW und mehr werden im Rahmen dieser Arbeit nicht betrachtet.

Tabelle 2-1: Einteilung der Resonanzwandler Hancock [42].

Anzahl der Leistungs-Schalter	**Art des Resonanzkreises**	**Ausgangsleistung P_A**
• Einschaltertopolgie • Zweischaltertopologie • Vierschalterkonzept • Wechselrichterkonzept mit mehr als vier Schaltern	• Reihenresonanzkreis • Parallelresonanzkreis • Reihenparallel-resonanzkreis • Sonstige	• P_A < 100...400 W • 100 W < P_A < 1...2 kW • P_A > 1 kW

2.1 Einschaltertopologien

In Anwendungen für Ausgangsleistungen unter 100 W kommen vorwiegend Einschalterwandler zum Einsatz, was sich insbesondere auf Gründe der Komplexität und der Kosten zurückführen lässt. In den folgenden Abschnitten werden die für die Hochspannungserzeugung geeigneten Einschaltertopologien vorgestellt.

2.1.1 Resonant geschalteter Sperrwandler

Sperrwandlertopologien für Ausgangsspannungen weniger als 1 kV mit Pulsweitenmodulation bei konstanter Betriebsfrequenz sind hinlänglich bekannt [59]. Durch das Hinzufügen eines Kondensators C_1 parallel zu dem Leistungshalbleiter S_1 besteht die Möglichkeit, den Wandler in einem Resonanzmodus zu betreiben [61], (Abbildung 2-1).

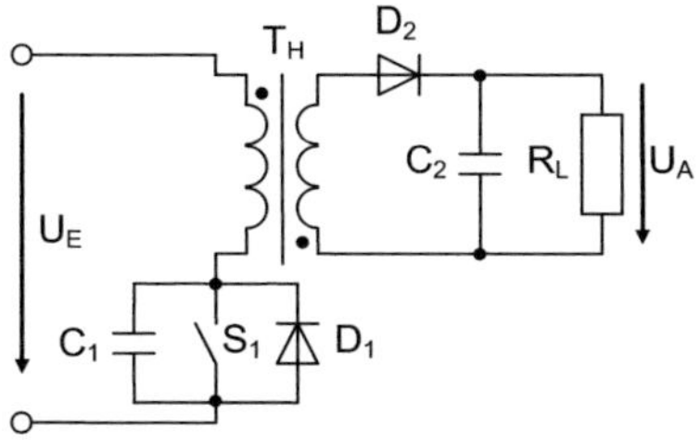

Abbildung 2-1: Resonant geschalteter Sperrwandler.

Die Arbeitsweise dieses Wandlers lässt sich anhand der Abbildung 2-2 veranschaulichen.

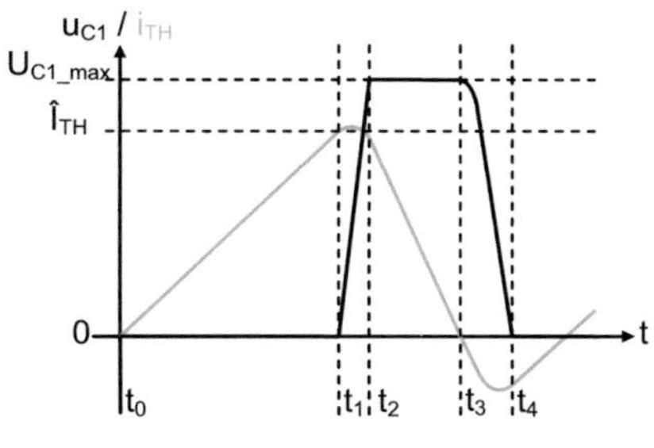

Abbildung 2-2: Strom- und Spannungsverläufe des Wandlers nach Abbildung 2-1.

Dabei wird eine Schaltperiode in vier Bereiche unterteilt. Zum Zeitpunkt $t = t_0$ wird S_1 eingeschaltet. Der Strom i_{TH} in der Hauptinduktivität L_{TH} des Hochspannungstransformators T_H steigt linear bis zu einem vom Regler vorgegebenen maximalen Strom I_{TH_max}. Zum Zeitpunkt $t = t_1$ wird der Leistungshalbleiter S_1 abgeschaltet und der Kondensator, bedingt durch die in der Primärwicklung gespeicherte Energie solange geladen, bis seine Spannung gleich der Summe aus der Eingangsspannung

U_E und der auf die Primärseite bezogenen Ausgangsspannung U_A ist. Diese Spannung U_{C1_max} ist auch die maximale Sperrspannung des Leistungshalbleiters. Zum Zeitpunkt $t = t_2$ wird D_2 leitend und die noch in L_{TH} gespeicherte Energie wird auf C_2 transferiert bzw. der Last R_L zur Verfügung gestellt. Zum Zeitpunkt $t = t_3$ wechselt der Strom durch L_{TH} sein Vorzeichen und fließt zur Quelle zurückt. D_2 sperrt und die Spannung über C_1 sinkt, wie in Abbildung 2-2 dargestellt ist. Erreicht diese Spannung den Wert Null wird S_1 spannungsfrei eingeschaltet. Um diese Bedingung zu erfüllen, muss die auf die Primärseite bezogene Ausgangsspannung größer oder gleich der Eingangsspannung U_E sein, da ansonsten der Kondensator C_1 nicht vollständig entladen werden kann und dessen Restladung im Leistungshalbleiter in Wärme umgewandelt wird.

Da der Einschaltzeitpunkt des Wandlers wie auch der Ausschaltzeitpunkt von der Last abhängig sind, ist auch seine Betriebsfrequenz lastabhängig. Nach [61] ist das Zeitintervall $t_3 - t_4$ nur von den Werten der passiven Bauelemente und von den Größen U_E, U_A und U_{C1_max} abhängig. Damit hat die Betriebsfrequenz auch im Leerlauf einen endlichen Wert. Der Wandler benötigt verhältnismäßig wenige Bauelemente und ist daher sehr kostengünstig. Die Höhe der Ausgangsspannung ist durch die Isolationsfestigkeit des Hochspannungstransformators auf maximal 15 kV begrenzt [98] (Kapitel 3), da keine Spannungsvervielfacherschaltung angeschlossen werden kann. Das Verhalten des Wandlers ist nicht über den gesamten Ausgangsspannungsbereich stetig. Wird der bereits erwähnte minimale Wert der Ausgangsspannung unterschritten, lässt sich der Leistungshalbleiter nicht mehr spannungsfrei einschalten. Die parasitäre Wicklungskapazität des Hochspannungstransformators T_H kann mit einer dem Transformator parallel geschalteten Kapazität C_p modelliert werden. Das Verhältnis der Kapazitäten C_1 und C_p bestimmt die Spannungsaufteilung zwischen T_H und dem Leistungshalbleiter S_1 und damit auch die Ausgangsspannung des Wandlers. Die Kapazität von C_p sollte demnach kleiner gleich der Kapazität von C_1 gewählt werden.

In Abbildung 2-3 wird der resonant geschaltete Sperrwandler noch um eine dem Hochspannungstransformator in Reihe geschaltete Spule L_1 ergänzt. Das Betriebsverhalten dieses Wandlers lässt sich mit Hilfe der Abbildung 2-4 erläutern. Eine Schaltperiode wird äquivalent zu der Topologie in Abbildung 2-1 in vier Bereiche unterteilt. Zum Zeitpunkt $t = t_0$ wird der Leistungshalbleiter S_1 geschlossen. Der Strom

i_{TH} in der Hauptinduktivität L_{TH} und in L_1 steigt linear bis zu einem vom Regler vorgegebenen maximalen Strom I_{TH_max}.

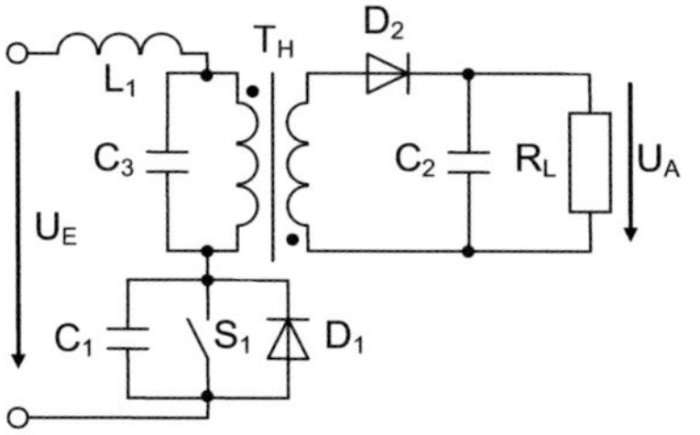

Abbildung 2-3:Resonant geschalteter Sperrwandler mit zusätzlicher Drossel.

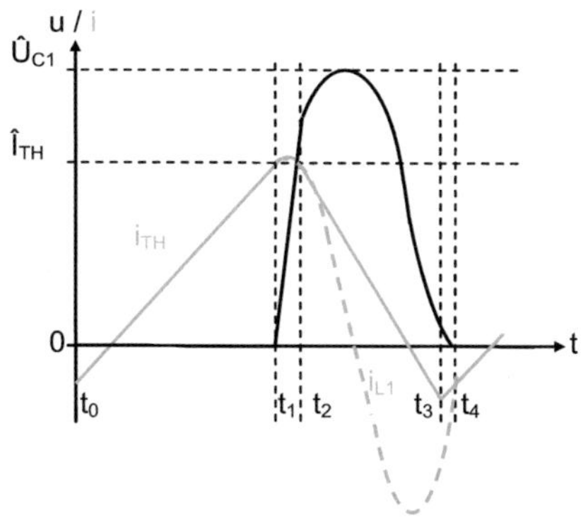

Abbildung 2-4: Strom- und Spannungsverläufe des Wandlers nach Abbildung 2-3.

Zum Zeitpunkt $t = t_1$ wird S_1 abgeschaltet und der Kondensator geladen, bedingt durch die in der Primärwicklung L_{TH} und in der Spule L_1 gespeicherte Energie. Die Sperrspannungsbelastung des Leistungshalbleiters lässt sich folgendermaßen berechnen

$$u_{S1} = u_{C1} = u_E - u_{L1} - u_{TH}. \tag{2.1}$$

Zum Zeitpunkt $t = t_2$ sind die Transformatorspannung und die Ausgangsspannung betragsmäßig gleich groß. Die Diode D_2 wird leitend. Die in L_{TH} gespeicherte Energie wird auf C_2 transferiert bzw. der Last R_L zur Verfügung gestellt. Der Gradient des Stromes i_{L1} durch die Spule L_1 ist negativ und erreicht sein Maximum, wenn das Vorzeichen von i_{L1} wechselt. Die Spannung über dem Leistungshalbleiter hat zu diesem Zeitpunkt ihr Maximum. Im Vergleich zu dem resonant geschalteten Sperrwandler ist die Sperrspannungsbelastung von S_1 wesentlich größer. Zum Zeitpunkt $t = t_3$ ist die Transformatorspannung betragsmäßig kleiner als die Ausgangsspannung. Die Diode D_2 sperrt. Wie in Abbildung 2-4 dargestellt ist, sinkt die Spannung über C_1, zum Zeitpunkt $t = t_4$ auf Null und der Leistungshalbleiter wird spannungsfrei eingeschaltet. Um dies zu gewährleisten ist die folgende Bedingung zu erfüllen:

$$0 > U_E - U_{TH} - U_{L1}. \tag{2.2}$$

Die Dimensionierung der passiven Bauelemente muss für jeden Arbeitspunkt des Wandlers sicherstellen, dass die Gradienten der Ströme i_{L1} und i_{TH} entsprechende Werte haben, damit die Bedingung (2.2) erfüllt ist.

Vergleichbar dem resonant schaltenden Sperrwandler, sind die Schaltzeitpunkte des Leistungshableiters und damit auch die Betriebsfrequenz des Wandlers lastabhängig. Die Betriebsfrequenz hat auch bei dieser Topologie im Leerlauf einen endlichen Wert. Dem Vorteil des resonant schaltenden Sperrwandlers mit zusätzlicher Drossel, über einen weiten Bereich das spannungslose Einschalten des Leistungshalbleiters zu gewährleisten, stehen einige Nachteile gegenüber. Ein höheres Übersetzungsverhältnis des Hochspannungstransformators wird benötigt. Die Spule L_1 verursacht neben den erhöhten Kosten auch zusätzliche ohmsche Verluste. Diese sollten gegenüber den erhöhten Schaltverlusten des resonant schaltenden Sperrwandlers ohne zusätzliche Drossel ins Verhältnis gestellt werden, um zu prüfen, ob der zusätzliche Aufwand an Bauelementen gerechtfertigt ist. Die Sperrspannungsbeanspruchung des Leistungshalbleiters ist wesentlich höher. Mit einem zusätzlichen Kondensator C_P parallel zum Hochspannungstransformator können dessen parasitäre Wicklungskapazitäten modelliert werden. Dabei ist zu beachten, dass die Kapazität von C_P kleiner gleich der von C_1 ist. Im Fall des resonant schaltenden Sperrwandlers mit zusätzlicher Spule, müssen die passiven Bauelemente sehr genau auf C_P abgestimmt werden.

Nach [61] lassen sich mit Sperrwandlertopologien im Resonanzmodus hohe Ausgangsspannungen, hohe Betriebsfrequenzen und parasitäre Wicklungskapazitäten des Hochspannungstransformators gut beherrschen. Aufwendige Schutzbeschaltungen werden nicht benötigt. Die Ausgangsspannung ist nicht kaskadierbar und damit auf maximal 15 kV begrenzt [98] (Kapitel 3).

2.1.2 Eintaktsinuswandler

Der Eintaktsinuswandler nach [39] ist in Abbildung 2-5 dargestellt. Ein Parallelschwingkreis bestehend aus der Hauptinduktivität L_{TH} des Hochspannungstransformators T_H und den Kondensatoren C_{P1} bzw. C_{P2} führt zu einer mit geringen Oberschwingungen behafteten Transformatorspannung [38]. Dabei setzen sich C_{P1} und C_{P2} aus den parasitären Kapazitäten von T_H und der Spannungsvervielfacherschaltung sowie zusätzlich diskret installierten Kondensatoren zusammen. Die Primärwicklung des Hochspannungstransformators T_H besitzt eine Mittelanzapfung. Der Strom durch den Leistungshalbleiter S_1 wird mit Hilfe der Spule L_{DP} begrenzt. Die Abmagnetisierungswicklung L_{DS} befindet sich auf demselben Kern wie L_{DP}. Die Kopplung dieser beiden Wicklungen muss nahezu ideal sein, um den Schalter S_1 vor zu hohen Spannungen zu schützen [38].

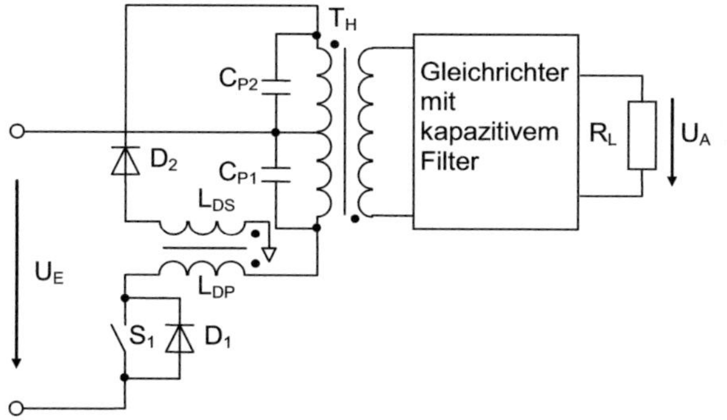

Abbildung 2-5: Eintaktsinuswandler.

Das Betriebsverhalten des Wandlers lässt sich mit Hilfe der Abbildung 2-6 beschreiben. Zum Zeitpunkt $t = t_0$ wird der Leistungsschalter eingeschaltet. Der Gleichrichter ist leitend und damit ist die Spannung über L_{TH} gleich dem Betrag der auf die Primärseite bezogenen Ausgangsspannung U_A. Der Strom i_{DP} durch L_{DP} bzw. S_1 steigt linear. Zum Zeitpunkt $t = t_1$ genügt die gespeicherte Energie im Hochspannungstransformator T_H nicht mehr, um auf der Sekundärseite die Spannung U_A aufrecht zu erhalten und der Gleichrichter beginnt zu sperren. Der Strom i_{DP} und das Schwingkreisverhalten des Parallelresonanzkreises sorgen für eine Spannungsänderung über den Kondensatoren C_{P1} bzw. C_{P2}. Zum Zeitpunkt $t = t_2$ führt dieser Umladeprozess zu einer Transformatorspannung u_{TH}, die betragsmäßig gleich der auf die Primärseite bezogenen Ausgangsspannung ist. Der Gleichrichter beginnt zu leiten.

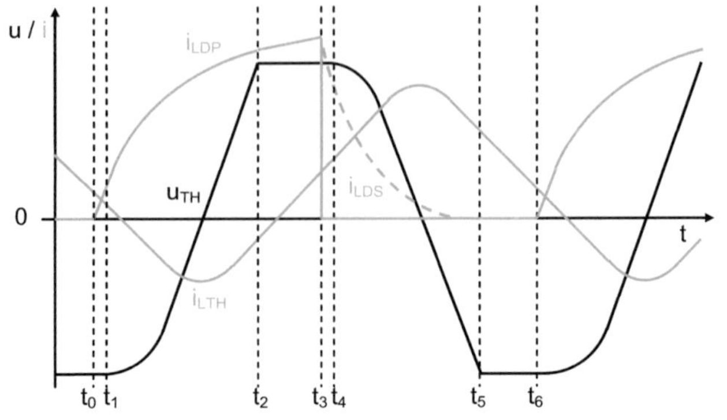

Abbildung 2-6: Strom- und Spannungsverläufe des Wandlers nach Abbildung 2-5.

Der Strom i_{DP} steigt weiter linear bis zum Abschaltzeitpunkt $t = t_3$ des Leistungshalbleiters S_1. Nach dem Abschalten von S_1 wird die in L_{DP} gespeicherte Energie mit Hilfe der Abmagnetisierungswicklung L_{DS} dem Hochspannungstransformator zugeführt. Die Sperrspannungsbelastung von S_1 ergibt sich durch:

$$u_{S1} = U_E - u_{LTH} - u_{LDP} \ , \tag{2.3}$$

wobei u_{LDP} gleich $-u_{LDS}$ ist und

$$u_{LDS} = u_{LTH} + U_E \ . \tag{2.4}$$

Folglich erhält man:

$$u_{S1\_\max} = 2 \cdot U_E \ . \tag{2.5}$$

Solange die Abmagnetisierungswicklung L_{DS} einen Strom i_{DS} führt, ist die Sperrspannungsbelastung von S_1 doppelt so hoch wie die Eingangsspannung U_E. Ab dem Zeitpunkt $t = t_4$ gilt für den Strom durch L_{DS}:

$$i_{DS} \leq 2 \cdot i_{TH} \ . \tag{2.6}$$

Der Gleichrichter sperrt. Dabei ist i_{TH} der Strom durch die Hauptinduktivität von T_H. Das Umladen des Parallelschwingkreises führt zum Zeitpunkt $t = t_5$ zu einer Transformatorspannung, die betragsmäßig gleich groß der auf die Primärseite bezogenen Ausgangsspannung ist. Der Gleichrichter beginnt zu leiten. Der Leistungshalbleiter S_1 wird zum Zeitpunkt $t = t_6$ mit einer Spannung

$$U_{S1} = U_{A'} + U_E \tag{2.7}$$

wieder eingeschaltet. $U_{A'}$ ist die auf die Primärseite transformierte Ausgangsspannung. Die in Abbildung 2-6 gezeigten Verläufe setzen eine hohe Aussteuerung des Wandlers voraus (Tastverhältnis $0,9 < D_T < 1$). D_T wird folgendermaßen definiert:

$$D_T = \frac{T_{EIN,S1}}{T_P / 2}, \tag{2.8}$$

wobei T_P die Periodendauer eines Schaltzyklus darstellt. Im Teillastbereich ($D_T < 0,9$) verschiebt sich der Zeitpunkt $t = t_0$ hinter den Zeitpunkt $t = t_1$ [39]. Nach [38] sollte die Betriebsfrequenz f_s nur unwesentlich größer als die Eigenresonanzfrequenz des Parallelschwingkreises gewählt werden. Damit ist f_s abhängig von der Bauweise des Hochspannungstransformators und in der Höhe begrenzt, da die Hauptinduktivität sowie die parasitären Kapazitäten von T_H und einer angeschlossenen Spannungsvervielfacherschaltung nicht beliebig verkleinert werden können. Eine Erhöhung der Betriebsfrequenz des Eintaktsinuswandlers unabhängig von der Hauptinduktivität des Transformators ist möglich, indem jeweils eine zusätzliche Drossel L_R einer geteilten Primärwicklung von T_H parallel geschaltet wird. Die Resonanzfrequenz des Parallelschwingkreises bestimmt sich nun aus der Parallelschaltung der Induktivität L_R mit der Hauptinduktivität von T_H sowie den parasitären Wicklungskapazitäten von T_H und des Hochspannungsgleichrichters.

Die Ausgangsspannung des Eintaktsinuswandlers ist kaskadierbar. Somit wird die Höhe der Ausgangsspannung nicht durch die Isolationsfestigkeit des Transformators bestimmt, sondern kann durch einen Anschluss einer Spannungsvervielfacherschaltung nahezu beliebig erhöht werden. Einschränkungen hinsichtlich der Stufenanzahl einer solchen Spannungsvervielfacherschaltung werden im Kapitel 3 erläutert. Geregelt wird diese Topologie mit einer Pulsweitenmodulation bei einer festen Betriebsfrequenz. Sowohl Leerlauf als auch Kurzschluss werden beherrscht. Ein Nachteil dieser Schaltung ist die zusätzlich benötigte Strombegrenzungsinduktivität L_{DP} und deren Abmagnetisierungswicklung L_{DS}. Aufgrund einer nichtidealen Kopplung zwischen L_{DP} und L_{DS} kommt es beim Abschalten des Leistungshalbleiters zu transienten Spannungsüberhöhungen. Der Leistungshalbleiter wird hart geschaltet.

2.1.3 Klasse-E-Wandler bzw. Sokal Wandler

Über den klassischen, von Sokal [112] vorgestellten Klasse-E-Wechselrichter hinausgehend, zeigt Abbildung 2-7 eine durch einen Hochspannungstransformator T_H und einen Gleichrichter mit kapazitivem Filter erweiterten Klasse-E-Wandler. Die parasitäre Wicklungskapazität von T_H wird hier durch C_P modelliert. Die Funktion des Hochspannungstransformator T_H besteht im Gegensatz zu den in Abschnitt 2.1.2 bzw. 2.2.1 vorgestellten Topologien in einer Energieübertragung und nicht in der Energiespeicherung. Damit besteht die Forderung an die Hauptinduktivität L_{TH} nur einen möglichst geringen Magnetisierungsstrom zuzulassen. Der Reihenkondensator C_S verhindert das Auftreten von Gleichanteilen in der Transformatorspannung. Die Eingangsdrossel L_1 versorgt den Wandler mit einem näherungsweise konstanten Strom, dessen Höhe lastabhängig ist.

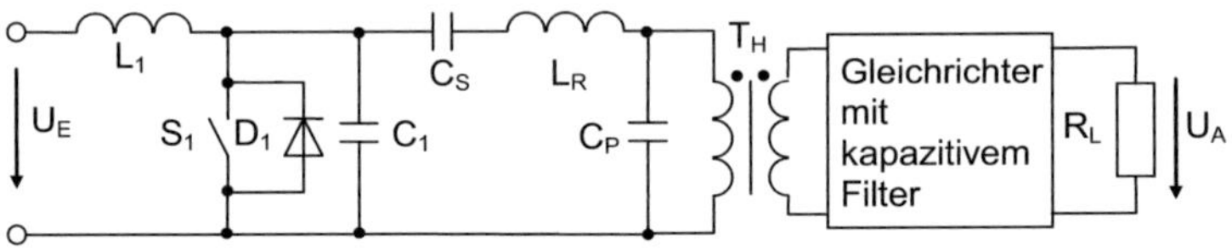

Abbildung 2-7: Klasse-E bzw. Sokal Wandler.

Die Funktionsweise des Wandlers wird im Folgenden anhand der in Abbildung 2-8 gezeigten Strom- und Spannungsverläufe erläutert. Zum Zeitpunkt $t = t_0$ wird der Leistungshalbleiter S_1 geöffnet. Die parasitäre Kapazität C_1 (bzgl. S_1) verhindert beim Ausschalten einen schnellen Spannungsanstieg und sorgt damit für ein näherungsweise verlustfreies Öffnen des Schalters. Die Differenz aus dem durch die Spule L_1 fließenden Eingangsstrom und dem durch die Drossel L_R fließenden Resonanzstrom i_{RES} führt bei einem geöffneten Leistungshalbleiter S_1 zu einer Veränderung der Spannung über C_1. Diese Spannung u_{S1} steigt zunächst an und wird anschließend durch das Umladen des Resonanzkreises, bestehend aus C_S, L_R und C_P, auf Null sinken. Zum Zeitpunkt $t = t_1$ kommutiert der Strom durch C_1 auf die Diode D_1. Das nachfolgende Einschalten von S_1 zum Zeitpunkt $t = t_2$ erfolgt spannungsfrei. Der Strom durch den Leistungshalbleiter ergibt sich aus der Summe von Eingangsstrom und Resonanzstrom. Der Resonanzstrom i_{RES} durch die Drossel L_R ist näherungsweise sinusförmig, da der Resonanzkreis eine Filterwirkung mit einer schmalbandigen Bandpasscharakteristik und einer Dämpfung im Sperrbereich aufweist [31]. Die Spannung am Hochspannungstransformator mit nachgeschaltetem Gleichrichter und kapazitivem Ausgangsfilter hat einen mit geringen Oberschwingungen behafteten typischen Verlauf [48].

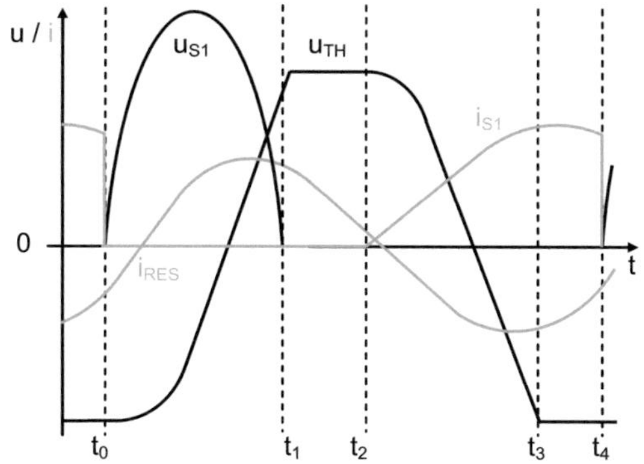

Abbildung 2-8: Strom- und Spannungsverläufe des Wandlers nach Abbildung 2-7.

Prinzipiell lassen sich bei der in Abbildung 2-7 gezeigten Topologie drei Betriebsfälle unterscheiden [111]. Der in Abbildung 2-8 dargestellte, so genannte „suboptimum mode“, ist dadurch gekennzeichnet, dass nach dem Abklingen der Schalterspannung auf Null, ein Strom durch D_1 fließt. Mit zunehmender Belastung des Resonanzkreises wird dieser Strom kleiner. Im „optimum mode“ gibt es keinen Rückstrom durch den Leistungshalbleiter. In diesem Fall wird S_1 nicht nur spannungsfrei sondern auch stromlos eingeschaltet. Bei weiterer Zunahme der Belastung wird der Kondensator C_1 nicht mehr vollständig entladen bevor der Leistungshalbleiter eingeschaltet wird. Die verbliebene Energie wird in S_1 in Wärme umgesetzt.

Die Ausgangsspannung des Klasse-E-Wandlers ist kaskadierbar und damit unabhängig von der Isolationsfestigkeit des Hochspannungstransformators. Kurzschluss- und Leerlauffestigkeit des Ausgangs sind gegeben. Nachteilig ist die hohe Belastung des Leistungshalbleiters. Der Spitzenwert der Schalterspannung kann dabei ein Vielfaches, nach [111] im „optimum mode“ das 3,6-fache der Eingangsspannung betragen. Ein weiterer Nachteil ist die verhältnismäßig hohe Anzahl der passiven Bauelemente. Da nicht von einem näherungsweise konstanten Lastbetrieb ausgegangen werden kann, sollte der Klasse-E-Wandler für den „suboptimum mode“ ausgelegt werden [111]. Unter allen Umständen ist jedoch ein Betrieb zu vermeiden, bei dem ein spannungsfreies Einschalten des Leistungshalbleiters nicht gegeben ist [111]. Die Regelung der Ausgangsspannung bei voller Lastvariation (Leerlauf bis Kurzschluss) ist somit auf einen kleinen Bereich begrenzt. Nach [56] erfolgt die Regelung der Ausgangsspannung von Klasse-E-Wandlern typischerweise mit der

Variation der Betriebsfrequenz. Das Tastverhältnis des Leistungshalbleiters S_1 darf in abgrenzten Bereichen frei eingestellt werden [111].

2.1.4 Vergleich der Einschaltertopologien

In den vorangegangenen Kapiteln wurden drei für die Hochspannungserzeugung geeignete Einschaltertopologien vorgestellt. Die folgende Tabelle kategorisiert die wichtigsten Eigenschaften dieser Wandlerstrukturen.

Tabelle 2-2: Gegenüberstellung der für die Hochspannungserzeugung geeigneten Einschaltertopologien.

	Sperrwandler im Resonanzmodus	**Eintaktsinus-wandler**	**Klasse-E-Wandler**
Höhe der Ausgangsspannung	≤ 15 kV begrenzt durch die Isolationsfestigkeit des Hochspannungs-transformators	durch Anschluss einer Spannungsvervielfacherschaltung nahezu beliebig, Begrenzung der Stufenanzahl der Spannungsvervielfacherschaltung	
Sperrspannungs-belastung der Leistungshalbleiter	Summe aus Eingangsspannung und der auf die Primärseite bezogenen Ausgangsspannung	$2U_E$	„optimum mode" 3,6-fache Eingangs-spannung, „suboptimum mode" >3,6-fache Eingangsspannung
Stellbereich der Ausgangs-spannung bei geforderter Lastvariation	gering	$0 \dots U_{A\_max}$	gering
Schaltentlastung der Leistungshalbleiter	ZVS	keine	ZVS
Regelung der Ausgangs-spannung	Veränderung der Betriebsfrequenz	Veränderung des Tastverhältnisses	Veränderung der Betriebsfrequenz

Fortsetzung Tabelle 2-2: Gegenüberstellung der für die Hochspannungserzeugung geeigneten Einschaltertopologien.

	Sperrwandler im Resonanzmodus	**Eintaktsinus-wandler**	**Klasse-E-Wandler**
Betriebsfrequenz bei nomineller Ausgangsleistung	< 1 MHz begrenzt durch parasitäre Wicklungs-kapazitäten des Transformators	< 100 kHz begrenzt durch den Aufbau des Transformators und des Hochspannungs-gleichrichters	< 300 kHz begrenzt durch parasitäre Wicklungs-kapazitäten des Transformators und des Hoch-spannungs-gleichrichters
Komplexität	einfacher Aufbau, aufwendige Synchronisation der Ansteuerung mit dem Nulldurchgang der Spannung des Leistungshalbleiters	Transformator mit Mittelanzapfung, Strombegrenzungs-induktivität mit Ab-magnetisierungs-wicklung	hohe Anzahl passiver Bauelemente, aufwendige Ansteuerung

Zusammenfassend lässt sich feststellen, dass der Eintaktsinuswandler für das Bereit-stellen einer hohen einstellbaren Ausgangsspannung bei der geforderten Last-variation eine äußerst geeignete Topologie ist. Werden jedoch gewisse Ein-schränkungen (konstante Ausgangsspannung) zugelassen, sind die beiden anderen Strukturen (Tabelle 2-2) interessante Schaltungsalternativen. Die Erhöhung der Betriebsfrequenz des Eintaktsinuswandlers über 100 kHz hinaus und die damit verbundene Reduktion der Größe der passiven Bauelemente, sowie eine Ver-ringerung der Kapazität des Ausgangsfilters sind aber nur begrenzt möglich (Abschnitt 2.1.2).

2.2 Gegentaktsinuswandler

In Anwendungen mit Ausgangsleistungen im Bereich von 100 W bis 1 kW werden vorwiegend Wechselrichter mit zwei Leistungshalbleitern eingesetzt [42]. In den folgenden Abschnitten 2.2 und 2.3 werden die für die Hochspannungserzeugung ge-eigneten Zweischaltertopologien vorgestellt.

Die in Abbildung 2-9 dargestellte Topologie ist eine Erweiterung des Eintakt-sinuswandlers aus Abbildung 2-5.

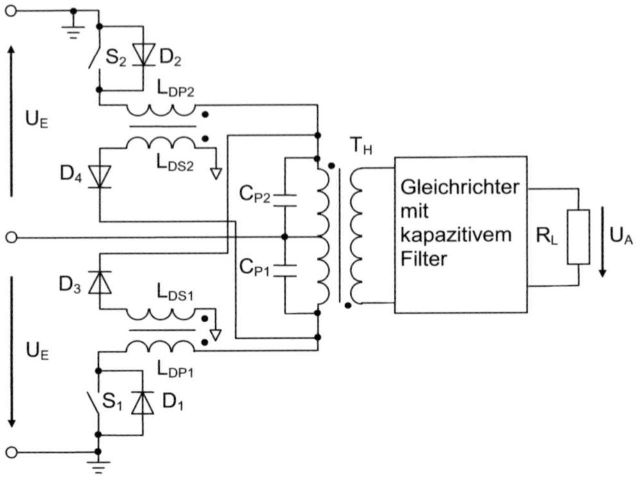

Abbildung 2-9: Gegentaktsinuswandler nach [39].

Die Gatesignale der beiden Leistungshalbleiter S_1 und S_2 werden um 180° phasen-verschoben mit dem gleichen Tastverhältnis angesteuert. Die symmetrische Aus-steuerung ermöglicht höhere Übertragungsleistungen bei gleichzeitiger Senkung der Verluste [38]. Die Blindleistung im Übertragerschwingkreis wird verringert. Die Kop-plungen der beiden Strombegrenzungsspulen L_{DP1} bzw. L_{DP2} und ihren Abmagne-tisierungswicklungen L_{DS1} bzw. L_{DS2} müssen nahezu ideal sein (Abschnitt 2.1.2) damit die Sperrspannungsbelastung der Leistungshalbleiter S_1 bzw. S_2 begrenzt wird.

Anhand der in Abbildung 2-10 gezeigten Strom- und Spannungsverläufe lässt sich die Funktionsweise des Gegentaktsinuswandlers beschreiben. Zum Zeitpunkt $t = t_0$ wird der Leistungshalbleiter S_1 eingeschaltet. Der Gleichrichter ist nicht leitend. Der Strom i_{DP1} durch die Spule L_{DP1} ist positiv und sorgt mit dem Schwingkreisverhalten des Parallelresonanzkreises für ein Umladen der Kondensatoren C_{P1} und C_{P2}. Zum Zeitpunkt $t = t_1$ erreicht die Transformatorspannung u_{TH} betragsmäßig den Wert der auf die Primärseite bezogenen Ausgangsspannung und der Gleichrichter beginnt zu leiten. Die im Parallelschwingkreis gespeicherte Energie wird an die Last transferiert und der Strom i_{DP1} steigt linear bis zum einem vom Tastverhältnis vorgegebenen Abschaltzeitpunkt $t = t_2$ des Leistungshalbleiters S_1.

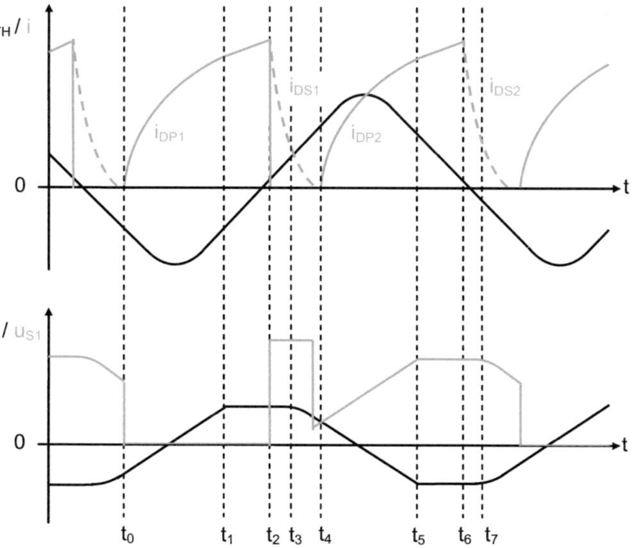

Abbildung 2-10: Strom- und Spannungsverläufe des Wandlers nach Abbildung 2-9.

Unmittelbar nach dem Abschalten von S_1 wird die Diode D_3 leitend und die in L_{DP1} gespeicherte Energie mit Hilfe der Abmagnetisierungswicklung L_{DS1}, dem Hochspannungstransformator zugeführt. Während L_{DS1} den Strom i_{DS1} führt, ist die Spannung u_{S1} über S_1 maximal, nach Gleichung (2.5) doppelt so hoch wie die Eingangsspannung U_E. Zum Zeitpunkt $t = t_3$ genügt der Strom durch die Abmagnetisierungswicklung L_{DS1} der Bedingung:

$$i_{LDS1} \leq 2 \cdot i_{LTH} \tag{2.9}$$

und der Gleichrichter sperrt. Der Strom i_{DS1} erreicht den Wert Null, die Diode D_3 sperrt und die Spannung u_{S1} beträgt:

$$u_{S1} = U_E - u_{TH} \,. \tag{2.10}$$

Zum Zeitpunkt $t = t_4$ erfolgt das Einschalten des Leistungshalbleiters S_2 und es beginnt die zweite Hälfte der Schaltperiode. Das Verhalten des Wandlers wiederholt sich und wird daher nicht näher erläutert.

Schaltnetzteile in diesem Leistungsbereich werden vorrangig an einem einphasigen öffentlichen Netz betrieben. Für einen weltweit möglichen Einsatz und der Erfüllung gängiger Normen [84] (Klirrfaktor des Eingangsstromes und Blindleistungsbedarf) ist dem Resonanzwandler ein gepulster Gleichrichter voranzustellen. Dessen Zwischenkreisspannung variiert zwischen 360V und 380V [98]. Für den Gegentaktsinuswandler werden Leistungshalbleiter (vorzugsweise MOSFETs) mit einer Sperrspannung von 1000 V benötigt. Dieser Wert ergibt sich aus der Summe der Höhe der doppelten Eingangsspannung und transienter Spannungsüberhöhungen während des Abschaltvorgangs. Diese Spannungsüberhöhungen sind das Resultat einer nichtidealen Kopplung der Strombregrenzungsinduktivitäten mit ihren Abmagnetisierungswicklungen und weiteren parasitären Streuinduktivitäten. Es sind Maßnahmen zu treffen, um eine gleiche Einschaltzeit beider Leistungshalbleiter zu gewährleisten, da sich sonst eine ungleichmäßige Spannungsbelastung der Kondensatoren C_{P1} bzw. C_{P2} einstellt. Die weiteren Vor- bzw. Nachteile des Gegentaktsinuswandlers entsprechen denen des Eintaktsinuswandler (Abschnitt 2.1.2).

2.3 Halbbrückenwandler und Klasse-D-Wandler

Resonanzwandler lassen sich mit einem Hochspannungstransformator und einem Gleichrichter mit kapazitivem Filter bzw. einer Spannungsvervielfacherschaltung nach der Art des Resonanzkreises bzw. des Wechselrichters klassifizieren (Abbildung 2-11).

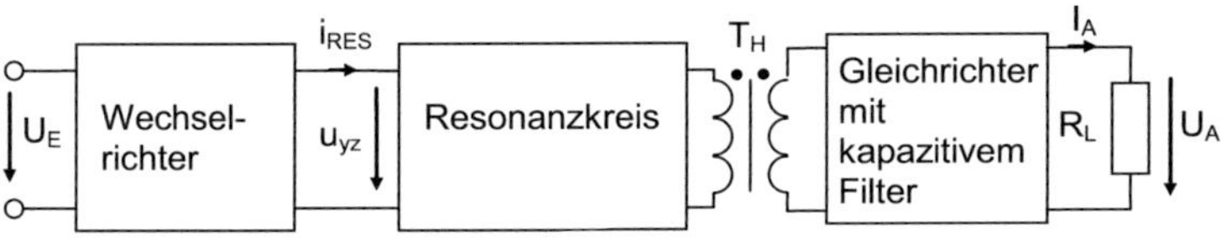

Abbildung 2-11: DC-DC Wandler mit Resonanzkreis.

Im Folgenden werden Resonanzwandler betrachtet, die über zwei Leistungshalbleiter im Wechselrichter verfügen und einen dem klassischen Reihenschwingkreis ähnlichen Aufbau aufweisen [67].

Um die Eigenschaften der einzelnen Resonanzkreisstrukturen aufzuzeigen bzw. miteinander zu vergleichen, wird die Struktur aus Abbildung 2-11 weiter vereinfacht.

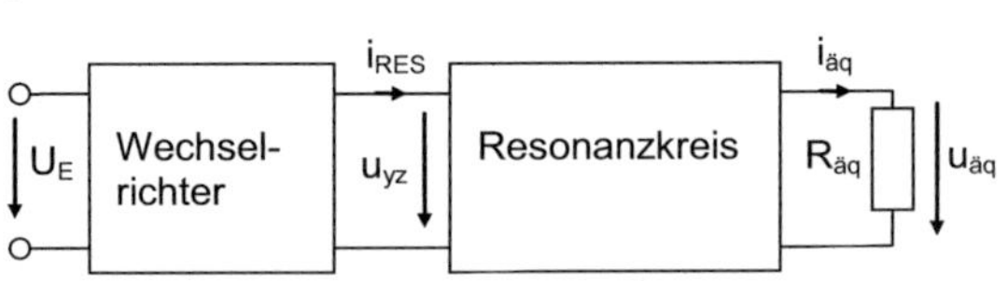

Abbildung 2-12: Vereinfachte Struktur nach Abbildung 2-11.

Die treibende Spannung kann mit ihrer sinusförmigen Grundschwingung

$$u_{yz(1)} = \sqrt{2} U_{yz(1)} \cdot \sin(\vartheta) \tag{2.11}$$

approximiert werden [31]. In Abhängigkeit der Art des Wechselrichters bzw. seiner Ansteuerung kann ein Gleichanteil $U_{YZ(0)}$ auftreten. Der Widerstand $R_{äq}$ stellt die auf die Primärseite des Hochspannungstransformators bezogene Widerstandslast R_L dar. Die über dem Widerstand $R_{äq}$ abfallende Spannung ist:

$$u_{äq} = \sqrt{2} U_{äq} \cdot \sin\left(\vartheta - \varphi_{uyz(1)/uäq}\right) \tag{2.12}$$

wobei $\varphi_{uyz(1)/uäq}$ den Winkel zwischen den beiden Spannungen $u_{yz(1)}$ und $u_{äq}$ beschreibt.

2.3.1 Reihenresonanzwandler

Der Reihenresonanzwandler hat eine Struktur nach Abbildung 2-13. Die auftretende Gleichspannung $U_{YZ(0)}$ wird vom Kondensator C_S geblockt.

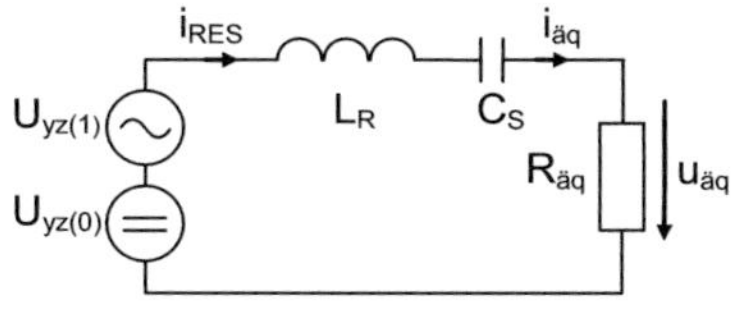

Abbildung 2-13: Wandler mit Reihenresonanzkreis.

Der Strom im Resonanzkreis i_{RES} ist äquivalent zum Laststrom $i_{äq}$. Damit reduzieren sich die stromabhängigen Verluste des Wandlers bei geringerer Belastung. Diese Struktur verfügt somit über eine hohe Teillasteffizienz [113] und wird daher bevorzugt in Hochleistungsanwendungen mit einer hohen Ausgangsspannung [8, 113] eingesetzt. Das komplexe Spannungsübersetzungsverhältnis dieser Struktur ist:

$$\frac{\underline{U}_{äq}}{\underline{U}_{yz(1)}} = \frac{R_{äq}}{R_{äq} + j\omega_S L_R + \frac{1}{j\omega_S C_S}}. \tag{2.13}$$

Unter Verwendung der Güte Q und der Resonanzfrequenz f_0, wobei

$Q = \frac{\omega_0 \cdot L_R}{R_{äq}}$ bzw. $f_0 = \frac{1}{2\pi\sqrt{L_R \cdot C_S}}$ gilt, lässt sich Gleichung (2.13) umformen:

$$\frac{\underline{U}_{äq}}{\underline{U}_{yz(1)}} = \frac{1 - jQ\left(\frac{f_s}{f_0} - \frac{f_0}{f_s}\right)}{1 + \left(Q\left(\frac{f_s}{f_0} - \frac{f_0}{f_s}\right)\right)^2}. \tag{2.14}$$

Dabei ist f_s die Betriebsfrequenz des Wechselrichters. Nach Gleichung (2.14) ist die maximale Ausgangsspannung gleich der Amplitude der Grundschwingung der Wechselrichterausgangsspannung. Im Teillastbereich ergibt sich ein Übertragungsverhalten mit einem sehr flachen Verlauf (Abbildung 2-14).

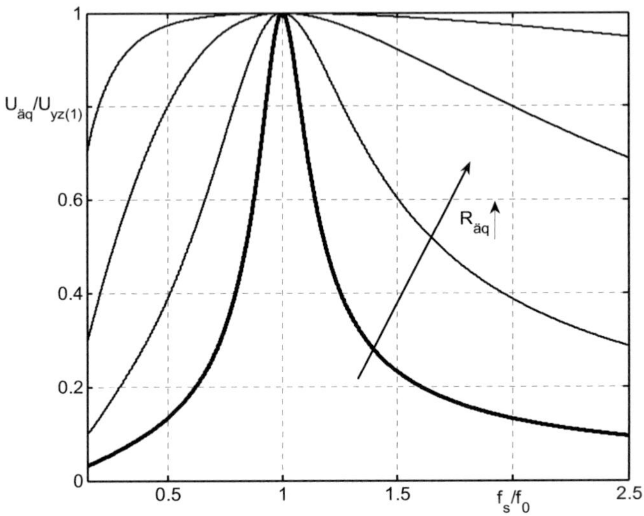

Abbildung 2-14: Übertragungsverhalten des Reihenresonanzwandlers.

Eine Regelung der Ausgangsspannung im Leerlauf ist schwierig [113] und nur durch eine Veränderung der Amplitude der Grundschwingung der Wechselrichterausgangsspannung möglich. Eine Variation der Schaltfrequenz hat in diesem extremen Arbeitspunkt (Leerlauf) keine Auswirkung auf die Ausgangsspannung. Die parasitären Kapazitäten des Hochspannungstransformators sowie der Spannungsvervielfacherschaltung bleiben in der Modellierung unberücksichtigt (Abbildung 2-13). Ein Betrieb mit der Resonanzfrequenz ist bei einem Kurzschluss kritisch, da sowohl die Spannungen über den passiven Bauelementen als auch der Resonanzstrom nach wenigen Schaltzyklen extreme Werte annehmen. Eine Regelung des Reihenresonanzwandlers muss im Kurzschlussfall den Betrieb außerhalb der Resonanzfrequenz sicherstellen.

2.3.2 Parallelresonanzwandler

Eine Wandlerstruktur nach Abbildung 2-15 wird auch als Parallelresonanzwandler bezeichnet [31, 57].

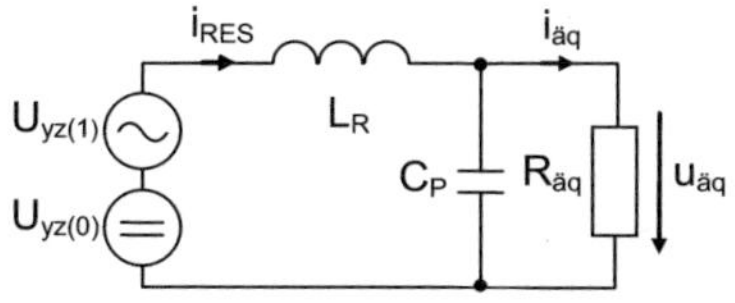

Abbildung 2-15: Wandler mit Parallelresonanzkreis.

Diese Topologie erlaubt im Gegensatz zum Reihenresonanzwandler eine Regelung der Ausgangsspannung $u_{äq}$ im Leerlauf durch eine Variation der Schaltfrequenz. Dem gegenüber steht eine nur geringe Abhängigkeit des Resonanzstromes i_{RES} vom Laststrom $i_{äq}$. Die Verluste in den Halbleiterbauelementen und passiven Komponenten sind somit weitgehend unabhängig von der Belastung des Wandlers und die erreichbare Effizienz im Teillastbetrieb ist geringer als bei dem Reihenresonanzkonverter [113, 57]. Die Transfercharakteristik der Spannungen ist:

$$\frac{\underline{U}_{äq}}{\underline{U}_{yz(1)}} = \frac{R_{äq}}{\left(j\omega_s C_P R_{äq}+1\right)\cdot\left(\dfrac{R_{äq}}{j\omega_s C_P R_{äq}+1}+j\omega_s L_R\right)}. \tag{2.15}$$

Gleichung (2.15) lässt sich mit Hilfe der Güte Q und der Resonanzfrequenz f_0 des Parallelresonanzkreises, wobei $f_0 = \dfrac{1}{2\pi\sqrt{L_R\cdot C_P}}$, weiter umformen:

$$\frac{\underline{U}_{äq}}{\underline{U}_{yz(1)}} = \frac{1-\left(\dfrac{f_s}{f_0}\right)^2 - jQ\dfrac{f_s}{f_0}}{\left(1-\left(\dfrac{f_s}{f_0}\right)^2\right)^2 + Q^2\left(\dfrac{f_s}{f_0}\right)^2}. \tag{2.16}$$

f_s ist die Betriebsfrequenz des Wechselrichters. Der Parallelresonanzwandler kann abhängig vom Verhältnis der Schaltfrequenz zur Resonanzfrequenz eine niedrigere bzw. höhere Ausgangsspannung als die Eingangsspannung bereitstellen (Abbildung 2-16).

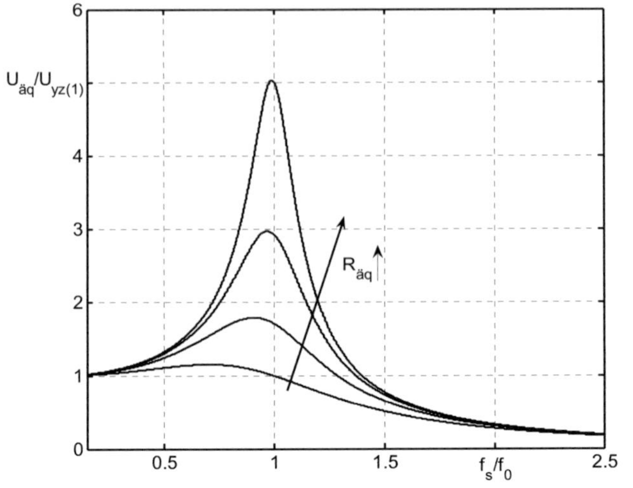

Abbildung 2-16: Übertragungsverhalten des Parallelresonanzwandlers.

Der Strom im Resonanzkreis wird sich im Verhältnis $U_{äq}/U_{yz(1)}$ einstellen [57]. Bei Vergrößerung von $R_{äq}$ kann das Spannungsübersetzungsverhältnis große Werte annehmen. Ein Betrieb mit der Resonanzfrequenz führt im Leerlauf ($R_{äq} \rightarrow \infty$) zu unzulässig hohen Spannungswerten am Ausgang und muss von der Regelung verhindert werden. Die Ausgangsspannung ist hingegen unabhängig von $R_{äq}$ bei Betriebsfrequenzen, die wesentlich oberhalb der Resonanzfrequenz f_0 liegen. Die parasitären Elemente des Hochspannungstransformators werden vollständig für die Struktur des Resonanzkreises genutzt. Vorkehrungen für eine symmetrische Ansteuerung des Wechselrichters bzw. ein Verhindern von Gleichanteilen $U_{zy(0)}$ müssen getroffen werden.

2.3.3 Reihenparallelresonanzwandler

Bei dem Reihenparallelresonanzwandler wird die Resonanzkapazität durch zwei Kondensatoren C_S und C_P gebildet und die Last $R_{äq}$ parallel zu C_P angeordnet (Abbildung 2-17). Vergleichend mit dem Reihenresonanzwandler blockt auch bei dieser Struktur der Kondensator C_S die Gleichspannung $U_{yz(0)}$. Diese Anordnung der drei passiven Bauelemente ist nur eine Möglichkeit [3], hat aber hinsichtlich der Anwendung und in Verbindung mit einem Hochspannungstransformator und einer Spannungsvervielfacherschaltung die meisten Vorteile.

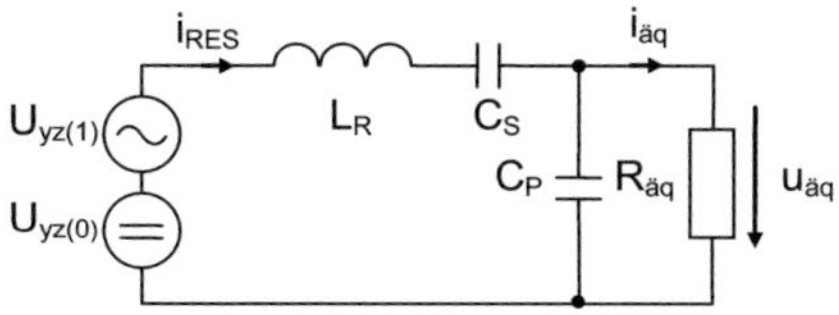

Abbildung 2-17: Wandler mit Reihenparallelresonanzkreis.

C_P modelliert die Wicklungskapazitäten bzw. die parasitären Kapazitäten des Hochspannungsgleichrichters und L_R die erhöhte Streuinduktivität des Transformators. Bei einer geeigneten Wahl des Verhältnisses α_c, wobei gilt:

$$\alpha_c = \frac{C_P}{C_S}, \tag{2.17}$$

lässt sich die Regelungsfähigkeit im Leerlauf mit einer guten Teillasteffizienz verbinden [113, 57]. Das komplexe Verhältnis des Laststromes zum Resonanzstrom wird über den Ansatz:

$$\underline{I}_{RES} = \underline{I}_{Cp} + \underline{I}_{äq} \quad \text{und} \tag{2.18}$$

$$\underline{U}_{Cp} = \underline{U}_{äq} \text{ bzw. } \frac{\underline{I}_{Cp}}{j\omega_s C_P} = \underline{I}_{äq} R_{äq} \tag{2.19}$$

bestimmt:

$$\frac{\underline{I}_{äq}}{\underline{I}_{RES}} = \frac{1}{1 + j\omega_s C_P R_{äq}}. \tag{2.20}$$

Unter Verwendung der Parameter Q, α_c und der Resonanzfrequenz des Reihenparallelresonanzkreises im Leerlauf ($R_{äq} \rightarrow \infty$), wobei

$$f_0 = \frac{1}{2\pi} \sqrt{\frac{C_P + C_S}{L_R \cdot C_P \cdot C_S}} \tag{2.21}$$

gilt, erhält man das komplexe Verhältnis

$$\frac{\underline{I}_{äq}}{\underline{I}_{RES}} = \frac{1 - j\dfrac{1+\alpha_c}{Q}\dfrac{f_s}{f_0}}{1 + \left(\dfrac{1+\alpha_c}{Q}\right)^2 \left(\dfrac{f_s}{f_0}\right)^2}. \tag{2.22}$$

$I_{äq}/I_{RES}$ ist in der Abbildung 2-18 für verschiedene Werte von α_c in Abhängigkeit von $1/Q$ dargestellt.

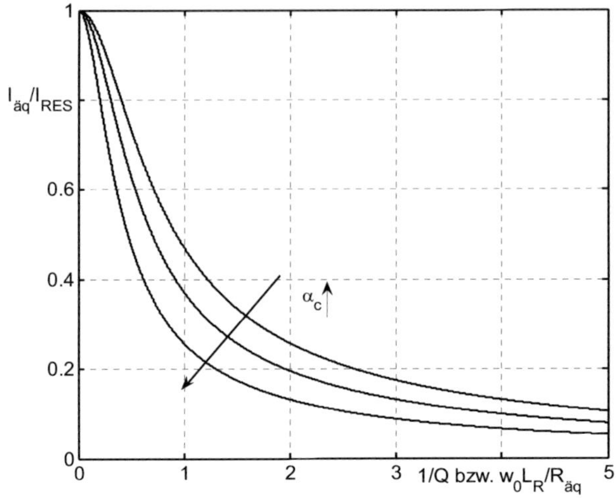

Abbildung 2-18: Verhältnis des Laststromes zum Resonanzstrom in Abhängigkeit von α_c und $1/Q$.

Der zum Betrieb benötigte Frequenzbereich lässt sich mit einer geeigneten Wahl von α_c einstellen und ist etwas breiter als bei Wandlern mit nur einem kapazitiven Element im Resonanzkreis (Abbildung 2-19). Mit einer Vergrößerung von α_c reduziert sich die im Leerlauf benötigte Betriebsfrequenz. Dabei nimmt allerdings die Abhängigkeit des Stromes i_{RES} im Resonanzkreis vom Laststrom $i_{äq}$ ab und verringert die erreichbare Effizienz im Teillastbetrieb (Abbildung 2-18). Weiterhin bedeutet eine Vergrößerung von α_c eine Erhöhung der Wechselspannungsbelastung des Reihenkondensators C_S (Abschnitt 4.1.2). Je kleiner die Kapazität des Kondensators C_P gewählt wird, desto mehr verhält sich die Struktur wie ein Reihenresonanzkreis [18]. In einer Hochspannungsversorgung mit einem Transformator hohen Übersetzungsverhältnisses und einer angeschlossenen Spannungsvervielfacherschaltung ergibt sich jedoch ein minimaler Wert für C_P. Die Resonanzfrequenz $f_{0Räq}$ des Reihenparallelresonanzwandlers variiert in Abhängigkeit der Belastung zwischen einer nach Gleichung (2.21) errechneten Leerlaufresonanzfrequenz f_0 und einer Resonanzfrequenz f_{0K} für $R_{äq} \rightarrow 0$, wobei gilt:

$$f_{0K} = \frac{1}{2\pi\sqrt{L_R \cdot C_S}}. \tag{2.23}$$

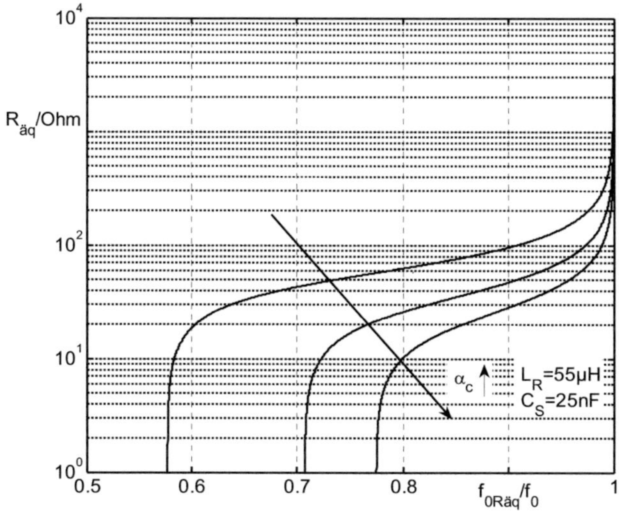

Abbildung 2-19: $R_{äq}$ als Funktion von $f_{0Räq}/f_0$ für verschiedene Parameterwerte α_c.

Der von der Resonanzfrequenz abhängige Widerstand $R_{äq}$ lässt sich als Funktion von f_0, α_c und den Resonanzkreiselementen C_S und L_R mit dem Ansatz:

$$0 = \omega_{0Räq} L_R - \frac{1}{\omega_{0Räq} C_S} - \frac{\omega_{0Räq} R_{äq}^2 C_P}{1 + \omega_{0Räq}^2 R_{äq}^2 C_P^2} \tag{2.24}$$

bestimmen

$$R_{äq} = \frac{\sqrt{1 - \frac{f_{0Räq}}{f_0}\left(\frac{\alpha_c + 1}{\alpha_c}\right)}}{\frac{f_{0Räq}}{f_0}(\alpha_c + 1)\sqrt{\frac{C_S}{L_R}\left(\frac{f_{0Räq}}{f_0} - 1\right)}}. \tag{2.25}$$

$R_{äq}$ ist in Abbildung 2-19 als Funktion von $f_{0Räq}/f_0$ für verschiedene Parameterwerte α_c dargestellt. Die Werte der Resonanzkreiselemente C_S und L_R entsprechen jenen im Demonstrator eingesetzten Bauelementen (Abschnitt 5.2). Das komplexe Spannungsübersetzungsverhältnis des Reihenparallelresonanzkreises ergibt sich mit dem Ansatz

$$\frac{\underline{U}_{äq}}{\underline{U}_{yz(1)}} = \frac{R_{äq}}{\left(j\omega_s C_P R_{äq} + 1\right) \cdot \left(\dfrac{R_{äq}}{j\omega_s C_P R_{äq} + 1} + j\omega_s L_R + \dfrac{1}{j\omega_s C_S} \right)} \tag{2.26}$$

und den Parametern Q, α_c und f_0:

$$\frac{\underline{U}_{äq}}{\underline{U}_{yz(1)}} = \frac{\left(1+\alpha_c\right)\left(1-\left(\dfrac{f_s}{f_0}\right)^2\right) - jQ\left(\dfrac{f_s}{f_0} - \dfrac{f_0}{f_s}\dfrac{\alpha_c}{1+\alpha_c}\right)}{\left(1+\alpha_c\right)^2\left(1-\left(\dfrac{f_s}{f_0}\right)^2\right)^2 + Q^2\left(\dfrac{f_s}{f_0} - \dfrac{f_0}{f_s}\dfrac{\alpha_c}{1+\alpha_c}\right)^2}. \tag{2.27}$$

Die Abbildung 2-20 verdeutlicht, dass sich mit dem Reihenparallelresonanzwandler eine von f_s/f_0 abhängige Steuerung/Regelung der Amplitude der Ausgangsspannung realisieren lässt.

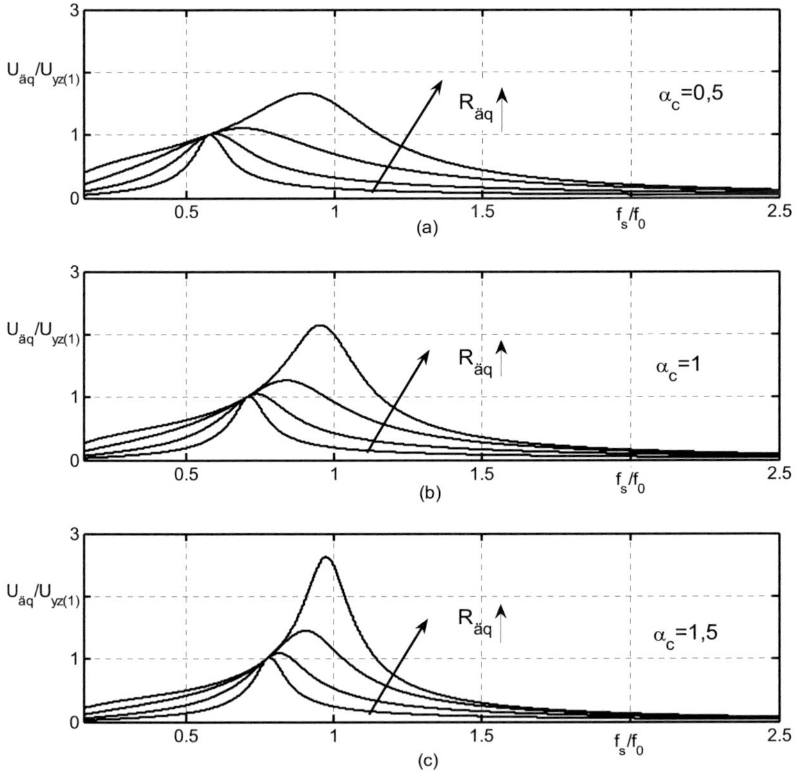

Abbildung 2-20: Übertragungsverhalten des Reihenparallelresonanzwandlers für verschiedene Parameterwerte $R_{äq}$ und α_c.

Vergleichbares ließ sich auch beim Parallelresonanzkreis beobachten (Abbildung 2-16). Im Betrieb mit der Resonanzfrequenz $f_{0R\ddot{a}q}$ kann in Abhängigkeit von $R_{\ddot{a}q}$ der Betrag des Übersetzungsverhältnis von $\underline{U}_{\ddot{a}q}/\underline{U}_{yz(1)}$ große Werte annehmen. Dies muss durch eine entsprechende Regelung vermieden werden. Eine Regelung der Ausgangsspannung im Leerlauf ist auch bei dieser Struktur durch eine Variation der Betriebsfrequenz des Wechselrichters möglich. Nach Batarseh [3] verfügt die Struktur des Reihenparallelresonanzkreises bei einer adäquaten Wahl der Werte der passiven Bauelemente über günstigere Regelungseigenschaften als Resonanzwandler mit nur zwei Resonanzelementen.

2.3.4 Modifizierter Reihenparallelresonanzwandler

Bei dem so genannten modifizierten Reihenparallelresonanzwandler [95] wird eine Parallelschaltung aus Kondensator C_{PM} und einer Spule L_{PM} dem Reihenparallelresonanzwandler hinzugefügt (Abbildung 2-21). Der Vorteil dieser Struktur gegenüber dem Wandler aus Abbildung 2-17 ist eine lineare Abhängigkeit des Resonanzstroms i_{RES} von der Last, wenn der Wandler im Teillastbetrieb kleiner als 50% der Nennleistung betrieben wird [95]. Im Vergleich zu einfacheren Resonanzwandlern hat diese Struktur einen engeren Frequenzbereich im Betrieb [24] und damit eine höhere Betriebsfrequenz im Teillastbereich. Dem gegenüber stehen der Platzbedarf der beiden Bauelemente, ihre elektrischen Verluste und die zusätzlichen Kosten.

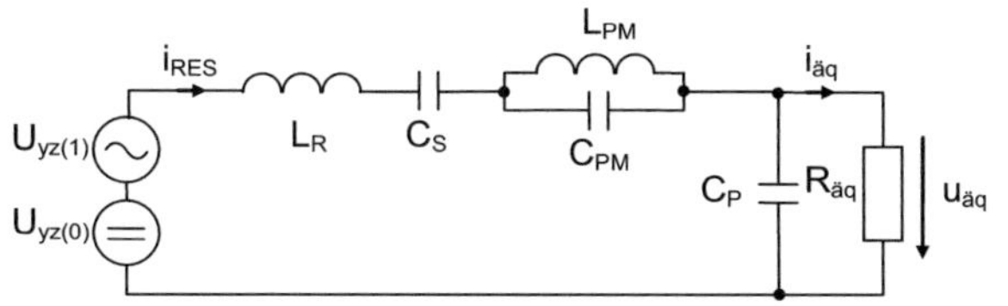

Abbildung 2-21: Modifizierter Reihenparallelresonanzwandler.

Weitere Resonanzkreise bestehend aus mehr als drei passiven Bauelementen werden aus Gründen der sinkenden Leistungsdichte (die Komponenten beanspruchen Bauvolumen) sowie ihren zusätzlichen elektrischen Verlusten und Kosten an dieser Stelle nicht betrachtet.

Die Eigenschaften eines Resonanzwandlers werden neben der Struktur des Resonanzkreises wesentlich durch die Art des speisenden Wechselrichters bestimmt. Anschließend werden die beiden typischen Vertreter der Wechselrichter mit zwei abschaltbaren Leistungshalbleitern erläutert.

2.3.5 Halbbrückenwechselrichter

Bei dem Halbrückenwechselrichter wird ein Brückenzweig durch einen kapazitiven Teiler, bestehend aus den Brückenkondensatoren C_{B1} und C_{B2} ersetzt (Abbildung 2-22). Die Ausgangsspannung u_{yz} nimmt nur die Werte $+U_E/2$ und $-U_E/2$ an, wobei u_{yz} über keinen Gleichanteil verfügt. Dieser kann aufgrund der endlichen Kapazitätswerte der Brückenkondensatoren nicht übertragen werden kann [43]. Die Sperrspannungsbelastung der Leistungshalbleiter entspricht der Eingangsspannung U_E.

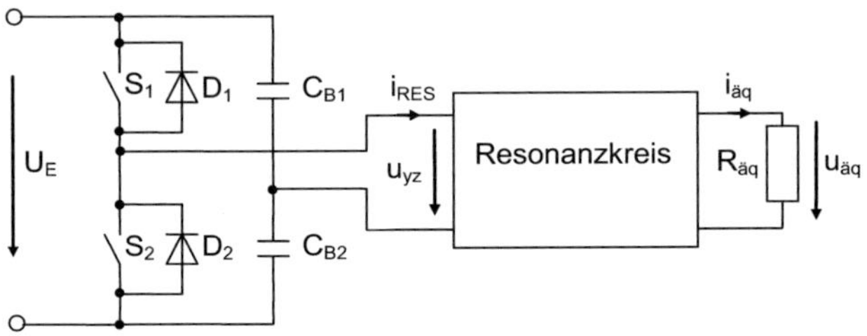

Abbildung 2-22: Halbbrückenwechselrichter mit Resonanzkreis.

Der Effektivwert der Grundschwingung der Wechselrichterausgangsspannung $U_{yz(1)}$ lässt sich mit dem Ansatz [57]

$$\begin{aligned} u_{yz} &= \frac{2}{\pi} U_E \sum_{n=1}^{\infty} \frac{1-(-1)^n}{2n} \sin(n\omega t) \\ &= U_E \left(\frac{2}{\pi} \sin \omega t + \frac{2}{3\pi} \sin 3\omega t + \frac{2}{5\pi} \sin 5\omega t + \dots \right) \end{aligned} \tag{2.28}$$

bestimmen:

$$U_{yz(1)} = \frac{\sqrt{2}}{\pi} U_E \,. \tag{2.29}$$

Die Kondensatoren C_{B1} und C_{B2} lassen sich bei entsprechender Wahl ihrer Kapazitäten mit für den Resonanzkreis nutzen. Dies ist besonders bei hohen Stromstärken im Resonanzkreis vorteilhaft, da sich die Belastung der Einzelkondensatoren durch die Aufteilung des Resonanzstroms entsprechend verringert [43].

2.3.6 Klasse-D-Wechselrichter

Der asymmetrische Halbbrückenwechselrichter, in der Literatur auch als Klasse D Wechselrichter bezeichnet [57, 66], wurde von Baxandall [4] erstmalig in Zusammenhang mit einem Resonanzkreis erwähnt. Bei dieser Struktur wird auf den zweiten Brückenzweig verzichtet (Abbildung 2-23).

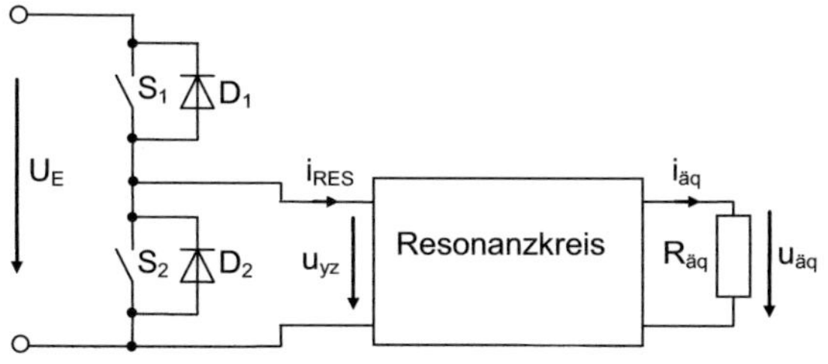

Abbildung 2-23: Klasse-D-Wechselrichter mit Resonanzkreis.

Vergleichbar mit der Struktur in Abbildung 2-22 entspricht die Sperrspannungsbelastung der Leistungshalbleiter beim Klasse-D-Wechselrichter ebenfalls der Eingangsspannung U_E. Die Ausgangsspannung u_{yz} kann die Werte U_E und Null annehmen. Typischer Weise werden beide Leistungshalbleiter mit der gleichen Einschaltzeit betrieben [63, 32, 57]. Damit ergibt sich unter Verwendung von Gleichung (2.28)

$$\begin{aligned} u_{yz} &= \frac{1}{2}U_E + \frac{2}{\pi}U_E \sum_{n=1}^{\infty} \frac{1-(-1)^n}{2n}\sin(n\vartheta) \\ &= U_E\left(\frac{1}{2} + \frac{2}{\pi}\sin\vartheta + \frac{2}{3\pi}\sin 3\vartheta + \frac{2}{5\pi}\sin 5\vartheta + ...\right) \end{aligned} \tag{2.30}$$

der gleiche Effektivwert der Grundschwingung wie beim Halbbrückenwechselrichter,

$$U_{yz(1)} = \frac{\sqrt{2}}{\pi}U_E \,. \tag{2.31}$$

Darüber hinausgehend wird eine weitere, im Rahmen dieser Arbeit neu entwickelte Ansteuerungsmethode der Leistungshalbleiter für den Klasse-D-Wechselrichter vorgestellt [97]. Diese Methode zeichnet sich ins besondere dadurch aus, die Amplitude der Grundschwingung von $u_{yz(1)}$ mit Hilfe der Einschaltzeit des Leistungshalbleiters S_1 variieren zu können. In Abbildung 2-24 sind das konventionelle (a) und das neue Ansteuerverfahren (b) gegenüber gestellt. Die Abbildung 2-24 (a) und (b) zeigen die Ausgangsspannung des Wechselrichters und deren Grundschwingung, während in Abbildung 2-24 (c) und (d) die zu dem jeweiligen Leistungshalbleiter korrespondierenden Schaltsignale skizziert sind. Im hier vorgestellten Ansteuerverfahren wird der Leistungshalbleiter S_2 nun unabhängig von der Einschaltzeit von S_1 für eine halben Schaltzyklus eingeschaltet.

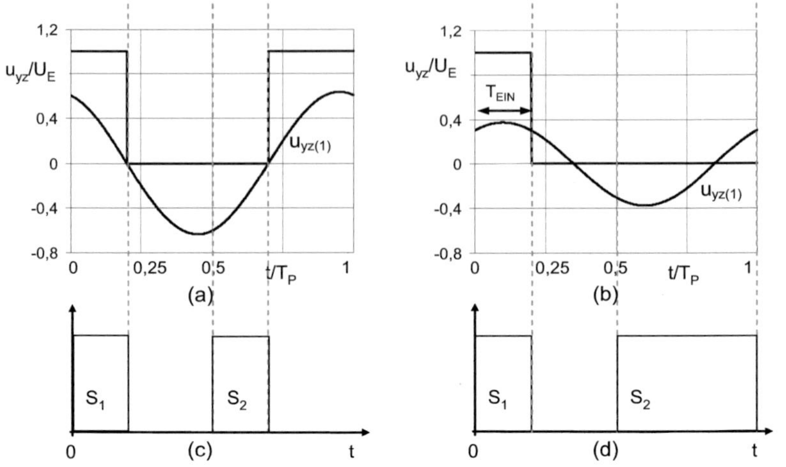

Abbildung 2-24: Verschiedene Ansteuerverfahren des Klasse-D-Wechselrichters.

Die Grundschwingung der Wechselrichterausgangsspannung in Abbildung 2-24 (a) und (b) lässt sich mit Hilfe einer Fourierreihe [13]

$$
\begin{aligned}
u_{yz}(\vartheta) &= \frac{a_0}{2} + \sum_{m=1}^{\infty}\left(a_n \cos(m\vartheta) + b_n \sin(m\vartheta)\right) \\
a_0 &= \frac{1}{\pi}\int_0^{D_T\pi} U_E d\vartheta \\
a_n &= \frac{1}{\pi}\int_0^{D_T\pi} U_E \cos(m\vartheta) d\vartheta \\
b_n &= \frac{1}{\pi}\int_0^{D_T\pi} U_E \sin(m\vartheta) d\vartheta
\end{aligned}
\tag{2.32}
$$

beschreiben. Für $m=1$ gilt:

$$u_{YZ(1)} = \frac{U_E}{\pi}\cdot \sin(D_T \cdot \pi)\cdot \cos(\vartheta) + \frac{U_E}{\pi}\cdot\left(1-\cos\left(D_T\cdot\pi\right)\right)\cdot\sin(\vartheta) \tag{2.33}$$

bzw.

$$u_{YZ(1)} = \frac{U_E}{\pi}\cdot\sqrt{2\left(1-\cos\left(D_T\cdot\pi\right)\right)}\cdot\cos\left(\vartheta - \frac{D_T\cdot\pi}{2}\right), \tag{2.34}$$

wobei das Tastverhältnis D_T nach Gleichung (2.8) definiert ist. Für ein Tastverhältnis von $D_T = 1$ ergibt sich der Effektivwert von $u_{yz(1)}$ aus der Gleichung (2.31). Die Abbildung 2-25 skizziert den Zusammenhang zwischen der auf U_E normierten Amplitude der Grundschwingung $U_{yz(1)}$ und dem zugehörigen Phasenwinkel $\varphi_{yz(1)}$.

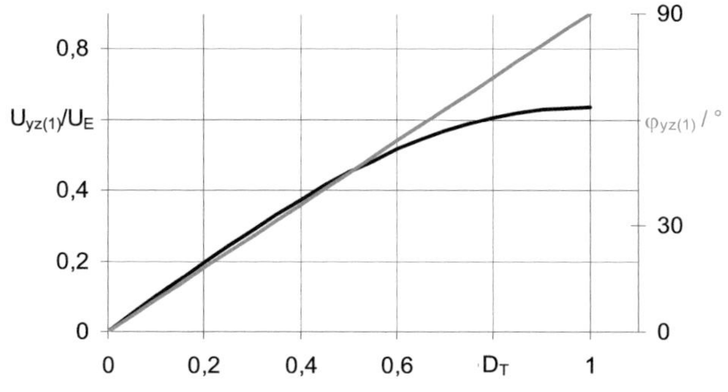

Abbildung 2-25: Abhängigkeit der normierten Amplitude der Grundschwingung und des Phasenwinkels vom Tastverhältnis D_T.

Ein Nachteil des Klasse-D-Wechselrichters ist der stets vorhandene Gleichanteil $U_{yz(0)}$ der Ausgangsspannung. Dieser ist abhängig vom Tastverhältnis D_T und bestimmt durch:

$$U_{yz(0)} = \frac{D_T}{2} \cdot U_E \,. \tag{2.35}$$

$U_{yz(0)}$ muss durch einen Kondensator in Reihe mit der Induktivität abgeblockt werden. Das Dielektrikum dieses Kondensators wird dabei mit der Summe der Spannungen aus dem Gleichanteil $U_{yz(0)}$ und dem Wechselanteil $u_{Cs(1)}$ belastet [43]. Die Spannungsbelastung ist somit deutlich höher, als bei einer Ansteuerung mit einem Halbbrückenwechselrichter.

Zusammenfassend zeigt sich, dass der Klasse-D-Wechselrichter mit dem Reihenparallelresonanzkreis die optimale Topologie darstellt, wenn die folgenden Forderungen:

- Ausgangsnennleistung 100 W < P_A < 1 kW,
- variable Ausgangsspannung,
- stabiler Betrieb von Leerlauf bis Kurzschluss,

erfüllt werden sollen. Das Halbbrückenkonzept lässt dagegen eine Variation der Ausgangsspannung nur in einem kleineren Bereich zu. Der Resonanzkreis nutzt vollständig die parasitären Komponenten des Hochspannungstransformators und der Spannungsvervielfacherschaltung. Die Kurzschluss- und Leerlauffestigkeit des Ausgangs ist gegeben, insofern der Betrieb des Wechselrichters nahe der Resonanzfrequenz(en) durch die Regelung vermieden wird [57]. Die Spannungsbelastung der Leistungshalbleiter entspricht der Höhe der Eingangsspannung.

2.3.7 Klasse-D-Wechselrichter mit Reihenparallelresonanzkreis

Das Betriebsverhalten eines Klasse-D-Wechselrichters mit einem Reihenparallelresonanzkreis, einem Hochspannungstransformator und einem Gleichrichter mit kapazitivem Filter wird anschließend mit Hilfe des in Abbildung 2-26 gezeigten Schaltbildes und der in Abbildung 2-27 skizzierten Strom- und Spannungsverläufe beschrieben. Der Hochspannungstransformator T_H ist ein reiner Übertrager und dient ausschließlich zur Potentialtrennung und Spannungserhöhung. Damit besteht die Forderung an die Hauptinduktivität L_{TH} nur einen möglichst kleinen Magnetisierungsstrom zuzulassen.

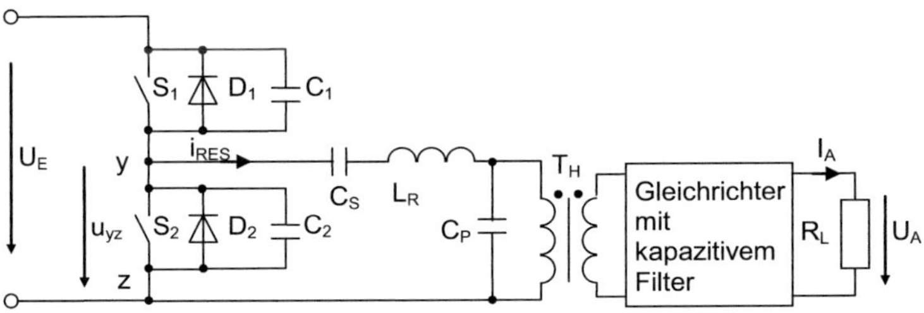

Abbildung 2-26: Klasse-D-Wechselrichter mit Reihenparallelresonanzkreis, Hochspannungstransformator und Gleichrichter mit kapazitivem Filter.

Zum Zeitpunkt $t = t_0$ ist der Resonanzstrom i_{RES} negativ. Der Gleichrichter ist leitend und die im Resonanzkreis gespeicherte Energie wird an die Last übertragen. Der Leistungshalbleiter S_1 wird spannungsfrei eingeschaltet. Zum Zeitpunkt $t = t_1$ wechselt der Resonanzstrom i_{RES} sein Vorzeichen und ist jetzt positiv. Der Winkel φ_{vor} kennzeichnet die Phasenverschiebung zwischen dem Resonanzstrom und der Wechselrichterausgangsspannung. Die Spannung u_{cp} ist kleiner als die auf die Primärseite des Hochspannungstransformators bezogene Ausgangsspannung U_A

und der Gleichrichter sperrt. Der Resonanzstrom i_{RES} fließt durch den Kondensator C_P und sorgt damit für eine Änderung der Spannung u_{CP}.

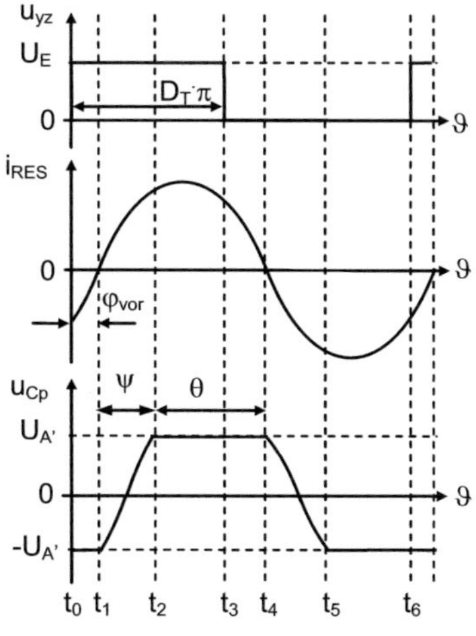

Abbildung 2-27: Strom- und Spannungsverläufe des in Abbildung 2-26 gezeigten Wandlers.

Zum Zeitpunkt $t = t_2$ entspricht die Spannung u_{CP} der auf die Primärseite bezogenen Ausgangsspannung U_A und der Gleichrichter wird leitend. Die im Resonanzkreis gespeicherte Energie wird an die Last übertragen. Der Strom durch den Kondensator C_p ist Null. Zum Zeitpunkt $t = t_3$ wird der Leistungshalbleiter S_1 abgeschaltet. Der Kondensator C_1 verhindert ein schnelles Ansteigen der Spannung u_{S1}, sodass S_1 nahezu verlustfrei ausgeschaltet wird. Der Strom i_{RES} ist weiter positiv und sorgt für ein Umladen der Kondensatoren C_1 und C_2. Erst wenn die Spannung über S_1 der Eingangsspannung U_E entspricht, kommutiert i_{RES} auf die Diode D_2. Der Strom i_{RES} wechselt zum Zeitpunkt $t = t_4$ sein Vorzeichen. Das Einschalten des Leistungshalbleiters S_2 erfolgt spannungsfrei, frühestens unmittelbar nach dem die Diode D_2 leitend geworden ist und spätestens zum Zeitpunkt $t = t_4$. Die Leitdauer des Gleichrichters ist mit θ gekennzeichnet. Der Gleichrichter sperrt und i_{RES} fließt durch den Kondensator C_P. Zwischen den Zeitpunkten $t = t_5$ und $t = t_6$ erfolgt das Ausschalten von S_2, damit (nach der Umladung der Kondensatoren C_1 und C_2) der Leistungshalbleiter S_1 zum Zeitpunkt $t = t_6$ spannungsfrei eingeschaltet werden kann. Man spricht von einer optimalen Kommutierung [36], wenn der Ausschaltzeitpunkt eines Leistungshalbleiters (z.B. von S_2) so gewählt wird, dass im Nulldurchgang des

Resonanzstromes die Umladevorgänge der parasitären Kapazitäten abgeschlossen sind und der gegenüberliegende Leistungshalbleiter (z.B. S_1) stromlos eingeschaltet werden kann.

2.3.8 Steuerung und Regelung der Halbbrückenwandler und Klasse-D-Wandler

Die Amplitude der Ausgangsspannung von Resonanzwandlern mit einer Struktur wie in Abbildung 2-11 bzw. Abbildung 2-12 lässt sich prinzipiell auf zwei unterschiedliche Arten regeln. Eine Möglichkeit besteht in der Veränderung des Spannungsübertragungsverhältnisses des Resonanzkreises mit Hilfe der Variation der Betriebsfrequenz [57]. Dieses Verfahren wird vor allem beim Einsatz von Halbbrückenwechselrichtern, die mit einer unveränderlichen Amplitude der Grundschwingung arbeiten genutzt. Die minimale, einstellbare Ausgangsspannung wird durch die maximale Frequenz des Wechselrichters begrenzt. Dieses Verfahren ist nicht geeignet, die Ausgangsspannung über einen weiten Bereich bei einer geforderten Lastvariation von Leerlauf bis Kurzschluss zu regeln [43]. Mit Hilfe der Steuerung der Amplitude der Eingangsspannung des Resonanzkreises bietet sich eine weitere Möglichkeit die Ausgangsspannung zu regeln.

Resonanzwandler wie in Abbildung 2-11 können mit fester bzw. variabler Frequenz oberhalb oder unterhalb ihrer Eigenresonanzfrequenz f_0 betrieben werden. Beim Betrieb unterhalb von f_0 erfolgt ein stromloses Ausschalten der Leistungshalbleiter [31]. Die Spannungsbelastung der Leistungshalbleiter während des Einschaltens entspricht der Eingangsspannung U_E. Während des Einschaltens kommutiert der Strom i_{RES} von der dem ausgeschalteten Leistungshalbleiter antiparallel angeordneten Diode auf den einzuschaltenden Leistungshalbleiter. Das Ausräumen des pn-Übergangs dieser Diode (reverse recovery Verhalten) führt zu einem Rückstrom und muss von dem einzuschaltenden Leistungshalbleiter mit getragen werden, da die Spule im Resonanzkreis keine sprunghafte Veränderung des Resonanzstromes zulässt. Die Amplitude dieser Stromspitzen kann nach [57] bis zum zehnfachen höher sein, als die Amplitude des Resonanzstromes. Außerdem wird die parasitäre Ausgangskapazität der Leistungshalbleiter über deren geringen Leitwiderstand kurzgeschlossen. Dies führt zu erhöhten Einschaltverlusten der Leistungshalbleiter [57]. Erfolgt ein Betrieb des Wechselrichters oberhalb der Eigenresonanzfrequenz, werden die Leistungshalbleiter spannungsfrei eingeschaltet [113, 7]. Vor dem Einschalten des Leistungshalbleiters kommutiert der Resonanzstrom i_{RES} auf dessen antiparallel angeordnete Diode. Damit beträgt die Spannungsbelastung des Leistungshalbleiters während des Einschaltens nur die geringe Flussspannung der Diode. Während des Ausschaltens kommutiert der Resonanzstrom auf die dem einzuschaltenden Leistungshalbleiter parallel angeordnete Diode. Die Ausschaltverluste sind nun davon abhängig, wie schnell die Diode den Strom übernehmen kann. Die parasitären Kapazitäten der Leistungshalbleiter reduzieren die Ausschaltverluste, indem sie ein schnelles Ansteigen der Spannung über dem Leistungshalbleiter verhindern [31]. Ein weiterer Vorteil des überresonanten Schaltens ist die Auslegung der Eingangsfilter des Wandlers auf die Eigenresonanzfrequenz f_0 des Resonanzkreises. Die Abbildung 2-20 verdeutlicht die Abhängigkeit der Resonanzfrequenz von der Güte bzw. von der Last $R_{äq}$ bei konstanten Resonanzkreisparametern [105]. Zur Gewährleistung eines überresonanten Schaltens in jedem zulässigen Arbeitspunkt ist es notwendig, den Wechselrichter mit einer weit über die jeweilige lastabhängige Resonanzfrequenz $f_{0Räq}$ erhöhten, festen Betriebsfrequenz zu betreiben [91]. Das Spannungsübertragungsverhältnis des Resonanzkreises ist daher schlechter (Abbildung 2-20). Der daraus resultierende erhöhte Resonanzstrom i_{RES} verringert den Wirkungsgrad des Resonanzwandlers. Eine höhere Blindleistung wird in den Resonanzkreiselementen gespeichert. Erfolgt hingegen der Betrieb mit einer variablen Schaltfrequenz, angepasst an den jeweiligen Arbeitspunkt, lässt sich die im Resonanzkreis gespeicherte Energie verringern und die Amplitude des Resonanzstromes reduzieren [35, 37]. Eine aus der Literatur [91] für diesen Resonanzwandler bekannte Methode der Frequenzanpassung: „self sustained oscillation above the resonant frequency“ [91], beruht auf einer Synchronisation der Schaltsignale der Leistungshalbleiter mit den Nulldurchgängen des Resonanzstromes. Auf eine Beschreibung zur Umsetzung dieses Verfahrens wird auf Kapitel 5.1.2 verwiesen. Während dieses Verfahren ein nahezu verlustfreies Schalten der Leistungshalbleiter gewährleistet, verursacht es gleichzeitig einen erhöhten Ansteueraufwand.

2.3.9 Vergleich der Zweischaltertopologien

In den vorangegangenen Abschnitten wurden mehrere für die Hochspannungserzeugung geeignete Zweischaltertopologien vorgestellt. Die Tabelle 2-3 stellt die wichtigsten Eigenschaften dieser Wandler gegenüber.

Tabelle 2-3: Gegenüberstellung der für die Hochspannungserzeugung geeigneten Zweischaltertopologien.

	Gegentakt-Sinuswandler (Abschnitt 2.2)	**Asymmetrisch angesteuerter Klasse-D-Wechselrichter mit Reihenparallelresonanzkreis**
Höhe der Ausgangs-spannung	durch Anschluss einer spannungsvervielfacher Schaltung nahezu beliebig, Begrenzung der Stufenanzahl der Kaskade	
Sperrspannungs-belastung der Leistungshalbleiter	$2U_E$	U_E
Stellbereich der Ausgangsspannung bei geforderter Lastvariation	$0 \dots U_{A\_max}$	
Schaltentlastung der Leistungshalbleiter	keine	ZVS
Regelung der Ausgangsspannung	Veränderung des Tastverhältnisses	Veränderung des Tastverhältnisses, dabei kann, in Abhängigkeit der Ansteuerung, eine Veränderung der Betriebsfrequenz erfolgen
Betriebsfrequenz bei nomineller Ausgangsleistung	< 100 kHz, in der Höhe begrenzt durch den Aufbau des Transformators (Abschnitt 2.2)	< 300 kHz, in der Höhe begrenzt durch Wicklungskapazitäten des Transformators und parasitäre Kapazitäten der Spannungs-vervielfacherschaltung
Komplexität	Transformator mit Mittelanzapfung, Strombegrenzungs-induktivität mit Ab-magnetisierungs-wicklung	einfacher Aufbau, aufwendige Ansteuerung

Der Klasse-D-Wechselrichter mit Reihenparallelresonanzkreis ist für das Bereitstellen einer hohen einstellbaren Ausgangsspannung bei der geforderten Lastvariation und dem betrachteten Leistungsbereich die bessere der beiden

Topologien. Die parasitären Elemente des Hochspannungstransformators und der Spannungs-vervielfacherschaltung werden vollständig für den Resonanzkreis genutzt. Eine Erhöhung der Betriebsfrequenz im Nennarbeitspunkt über 100 kHz hinaus ist möglich (Abschnitt 5.3). Preiswerte und sehr gut verfügbare 500-600 V MOSFETs können als Leistungshalbleiter eingesetzt werden.

2.4 Vierschaltertopologien

Für eine Ausgangsleistung von mehr als 1 kW wird nach [42] der H-Wechselrichter (Vollbrückenwechselrichter) bevorzugt eingesetzt (Abbildung 2-28). Die Sperrspannungsbelastung der Leistungshalbleiter entspricht der Höhe der Eingangsspannung U_E, wobei die Spannung u_{yz} die Werte U_E, 0 und $-U_E$ annehmen kann. Damit ist die Spannungsausnutzung des Vollbrückenwechselrichters doppelt und die Ausgangsleistung des Wechselrichters vier mal so hoch [57], wie bei den Zweischalterstrukturen nach Abschnitt 2.2.2 (bei gleicher Last, gleicher Resonanzkreisstruktur und gleichem Verhältnis der Betriebsfrequenz f_s zur Resonanzfrequenz f_0).

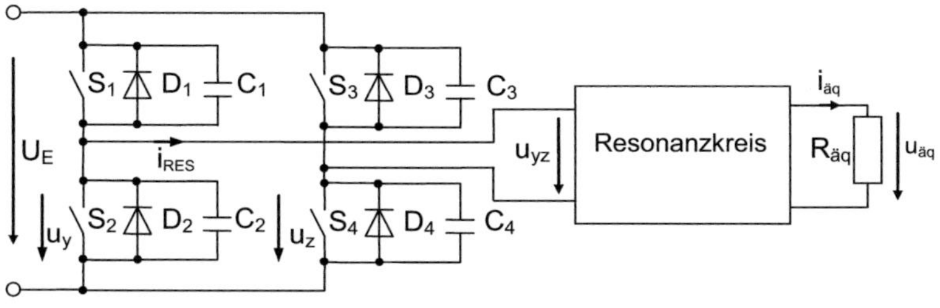

Abbildung 2-28: Vollbrücke mit Resonanzkreis.

Da sich im Vergleich zu den Zweischaltertopologien nur die Wechselrichterstufe ändert, wird der Vollbrückenwechselrichter mit Reihenparallelresonanzkreis bevorzugt für die Erzeugung hoher Ausgangsspannungen eingesetzt [18, 54, 115, 53].

Für die Ansteuerung des Vollbrückenwechselrichters mit angeschlossenem Resonanzkreis werden in der Literatur verschiedene Möglichkeiten aufgezeigt [106, 57, 115], wobei an dieser Stelle auf eine Erläuterung der Vor- und Nachteile des über- bzw. unterresonanten Schaltens verzichtet wird (Abschnitt 2.2.2). Bei der so genannten „Phaseshift“-Ansteuerung [120] werden beide Beine (Bein B_1 besteht aus den Leistungshalbleitern S_1 und S_2, Bein B_2 aus den Leistungshalbleitern S_3 und S_4) unabhängig voneinander geschaltet. In [16] wird B_1 mit dem Nulldurchgang des Resonanzstromes synchronisiert während B_2 in Abhängigkeit eines Reglerausgangssignals geschaltet wird. Die Betriebsfrequenz stellt sich entsprechend den Nulldurchgängen des Resonanzstromes i_{RES} ein und garantiert damit ein überresonantens Schalten in jedem Arbeitspunkt (Abschnitt 2.2.2). Die Leistungshalbleiter von B_1 werden stromlos ausgeschaltet, während die Leistungshalbleiter von B_2 spannungsfrei eingeschaltet werden. In [1] wird der Schaltzeitpunkt des Beines B_1 um den Winkel φ_{vor} dem Stromnulldurchgang vorverschoben. Das Resultat ist ein spannungsfreies Einschalten aller Leistungshalbleiter. Dieses Ansteuerungsprinzip wird mit Hilfe der Abbildung 2-28 und den in Abbildung 2-29 gezeigten Strom- und Spannungsverläufen verdeutlicht. Zum Zeitpunkt $t = t_0$ ist der Resonanzstrom i_{RES} negativ und der Leistungshalbleiter S_4 eingeschaltet. Bis zum Nulldurchgang des Resonanzstromes $t = t_1$ kann der Leistungshalbleiter S_1 spannungsfrei eingeschaltet werden. Die Wechselrichterausgangsspannung entspricht der Eingangsspannung U_E. Zum Zeitpunkt $t = t_2$ wird der Leistungshalbleiter S_4 ausgeschaltet.

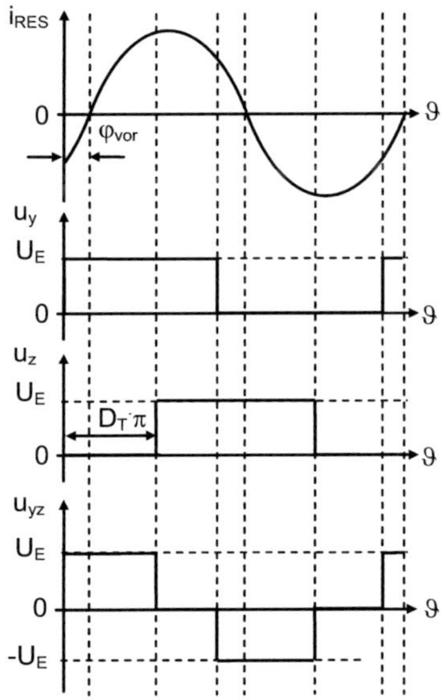

Abbildung 2-29: Strom- und Spannungsverläufe des Vollbrückenwechselrichters.

Der Kondensator C_4 verhindert ein schnelles Ansteigen der Spannung u_{S4}, sodass S_4 nahezu verlustfrei ausgeschaltet wird. Der Strom i_{RES} ist weiter positiv und sorgt für ein Umladen der Kondensatoren C_3 und C_4. Erst wenn die Spannung über S_4 gleich der Eingangsspannung U_E entspricht, kommutiert i_{RES} auf die Diode D_3. Die

Spannung u_{YZ} ist Null. Unmittelbar nach der Kommutierung des Resonanzstromes auf D_3 und bis zum Zeitpunkt $t = t_4$ kann S_3 spannungsfrei eingeschaltet werden. Zum Zeitpunkt $t = t_4$ wechselt i_{RES} sein Vorzeichen. Um einen Winkel φ_{vor} vorverschoben, wird S_1 nahezu verlustfrei zum Zeitpunkt $t = t_3$ abgeschaltet. Es finden ähnliche Umladevorgänge der Kondensatoren C_1 und C_2 (wie bei Bein B_2 zum Zeitpunkt $t = t_2$) statt. Erreicht die Spannung u_{S1} den Wert der Eingangsspannung zum Zeitpunkt $t = t_4$ kann S_2 spannungs- und stromfrei eingeschaltet werden. Die Wechselrichterausgangsspannung u_{yz} beträgt nun die negative Eingangsspannung U_E. Das Verhalten des Wandlers in der Zeit $t_4 < t < t_7$ ist äquivalent zur ersten Hälfte des Schaltzyklus. Jeder Leistungshalbleiter wird in einer Schaltperiode (eingeschwungener Zustand vorausgesetzt) für die halbe Periodendauer eingeschaltet. Mit Hilfe der Abbildung 2-29 und der Gleichung (2.32) lässt sich die Grundschwingung der Wechselrichterausgangsspannung bestimmen:

$$u_{YZ(1)} = \frac{2}{\pi} U_E \cdot \sqrt{2\left(1-\cos\left(D_T \cdot \pi\right)\right)} \cdot \cos\left(\vartheta - \frac{D_T \cdot \pi}{2}\right). \qquad (2.36)$$

Für $D_T = 0$ ergibt sich aus Gleichung (2.36):

$$u_{YZ(1)} = 0 .$$

Korrespondierend mit der Ansteuerung des Klasse-D-Wechselrichters, lässt sich auch bei der Vollbrücke die Amplitude der Wechselrichterausgangsspannung mit Hilfe des Tastverhältnisses einstellen [106, 93, 1].

2.5 Wechselrichterkonzepte mit mehr als vier Schaltern

Untersuchungen von Wechselrichterstrukturen mit mehr als zwei Beinen bzw. vier Schaltern beschränken sich häufig auf mehrphasige Reihenresonante DC-DC Wandler [51] (Abbildung 2-30). Aufgrund des mehrphasigen Betriebs können die passiven Bauelemente verkleinert werden [51]. Damit erhöht sich die Leistungsdichte des Resonanzwandlers. Ein wesentlicher Nachteil dieser Art von Resonanzkreisen ist die fehlende Regelungsmöglichkeit der Ausgangsspannung im Leerlauf (Abschnitt 2.2.2). Der Einfluss der erhöhten Wicklungskapazität des Hochspannungstransformators und die parasitäre Kapazität der Spannungsvervielfacherschaltung werden nicht berücksichtigt. Durch die zusätzlichen Wechselrichterbeine ergibt sich ein erhöhter Schaltungs- und Ansteueraufwand. Für eine ausführliche Beschreibung des in Abbildung 2-30 gezeigten DC-DC Wandlers wird auf [51] verwiesen.

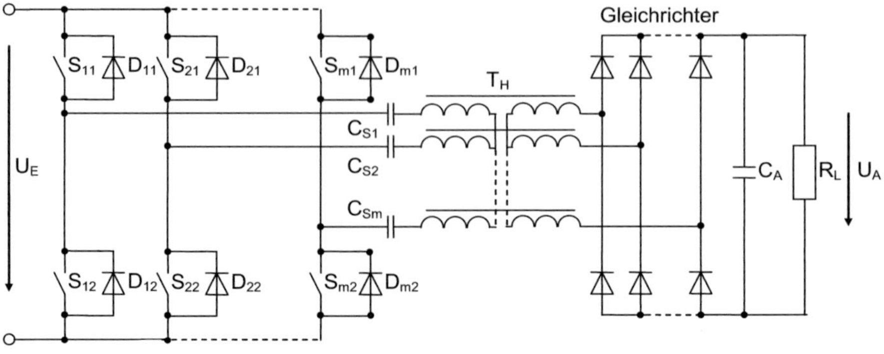

Abbildung 2-30: Mehrphasiger Reihenresonanter DC-DC Wandler [51].

3 Hochspannungsgleichrichter

Für die Vervielfachung der Ausgangsspannung des in kompakten Hochspannungsschaltnetzteilen eingesetzten Transformators existiert eine Vielzahl von Schaltungen, die speziell an die jeweilige Anwendung (Ausgangsspannung, Ausgangsleistung) angepasst sind [6]. Die Höhe der Ausgangsspannung des Hochspannungstransformators in diesen Schaltnetzteilen ist durch mehrere Faktoren auf maximal 15 kV begrenzt [98]. Die Spannungsfestigkeit der Leiterisolation der Sekundärwicklung ist abhängig von deren Material und Materialstärke. Bei höheren Materialstärken und erhöhten Wicklungszahlverhältnissen sind die Kerngröße und das Wickelfenster der Transformatoranordnung begrenzende Faktoren. Ein ausreichender Isolationsabstand der Wicklungen untereinander und zum Kern ist erforderlich. Die Verringerung der Kopplung zwischen Primär- und Sekundärwicklung und damit eine Erhöhung der Streuinduktivität ist eine Folge des benötigten Isolationsabstandes. Weiterhin erhöht sich die Kapazität der Sekundärwicklung mit steigender Windungszahl und transformiert sich mit dem Quadrat des jeweiligen Übersetzungsverhältnisses auf die Primärseite des Transformators.

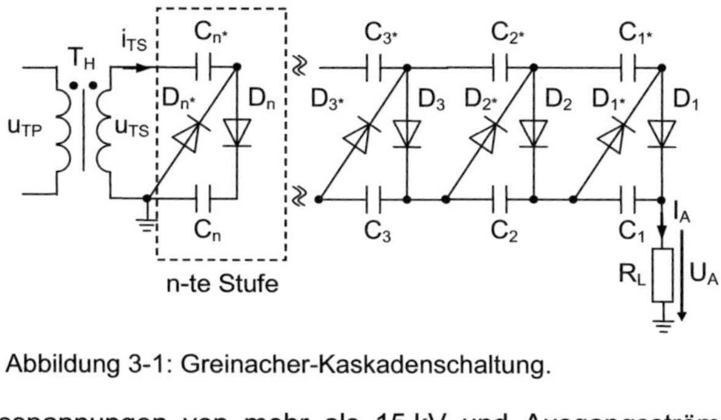

Abbildung 3-1: Greinacher-Kaskadenschaltung.

Bei Ausgangsspannungen von mehr als 15 kV und Ausgangsströmen größer als 1 mA wird die in Abbildung 3-1 gezeigte Spannungsvervielfacherschaltung am häufigsten eingesetzt [6]. Die von Greinacher im Jahre 1920 [41] angegebene Schaltung wird in der angelsächsischen Literatur nach Cockroft und Walton (1932) [22] benannt. Sie ermöglicht die Erzeugung sehr hoher Ausgangsspannungen (kV...MV) in einem weitem Leistungsbereich [6]. Ein Polaritätswechsel der Ausgangsspannung ist durch die Umkehr sämtlicher Dioden möglich.

3.1 Betriebsweise der Greinacher-Kaskadenschaltung

Die Betriebsweise einer n-stufigen Greinacher-Kaskadenschaltung wird anhand der charakteristischen Spannungsverläufe in Abbildung 3-2 erläutert. Eine Stufe besteht aus jeweils zwei Kondensatoren und zwei Dioden, nach Abbildung 3-1 z.B. C_2, C_{2*}, D_2, D_{2*}.

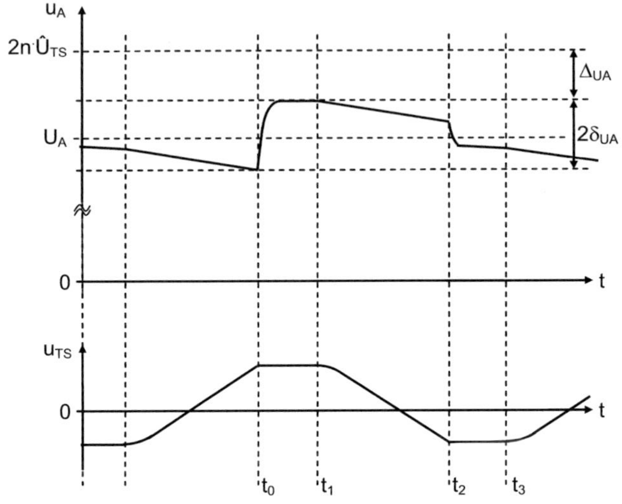

Abbildung 3-2: Charakteristische Spannungsverläufe der Greinacher-Kaskadenschaltung.

Zum Zeitpunkt $t = t_0$ gilt

$$u_{TS} + \sum_{i=1}^{n} C_{i*} > \sum_{i=1}^{n} C_i. \tag{3.1}$$

Die Kondensatoren C_1 bis C_n der Glättungssäule werden durch die Kondensatoren C_{1*} bis C_{n*} der Schubsäule geladen. Die Ausgangsspannung U_A erreicht dabei ihr Maximum. Der Kondensator C_1 wird über die Diode D_1 durch den Kondensator C_{1*} geladen. Ist

$$u_{TS} + \sum_{i=2}^{n} C_{i*} > \sum_{i=2}^{n} C_i \tag{3.2}$$

erfüllt, kommutiert der Strom von der Diode D_1 auf die Diode D_2. Gleichsam geschieht dies in den anderen Stufen. Zum Zeitpunkt $t = t_1$ ist die Bedingung (3.1) nicht mehr erfüllt und die Kaskade sperrt. Die Kondensatoren der Glättungssäule werden weiterhin durch den Laststrom I_A entladen. Zum Zeitpunkt $t = t_2$ gilt

$$u_{TS} + \sum_{i=1}^{n} C_{i*} < \sum_{i=2}^{n} C_i \tag{3.3}$$

und die Kaskade wird leitend. Die Kondensatoren C_{1*} bis C_{n*-1} werden durch die Kondensatoren C_1 bis C_n geladen. Der Kondensator C_{n*} wird direkt von der Spannung u_{TS} geladen. Zum Zeitpunkt $t = t_3$ ist die Bedingung (3.3) nicht mehr erfüllt und die Kaskade sperrt. Die Kondensatoren der Glättungssäule werden weiterhin durch I_A entladen.

Die Ausgangsspannung einer belasteten Greinacher-Kaskadenschaltung besitzt im Gegensatz zur unbelasteten Kaskade eine Welligkeit $2\delta_{UA}$ und einen um Δ_{UA} geringeren Maximalwert der Ausgangsspannung (Abbildung 3-2). Anhand der in einer Periode an die Last transportierten Ladungsmenge

$$\Delta q = \frac{I_A}{f} \tag{3.4}$$

lässt sich die Welligkeit berechnen. Dabei ist f die Frequenz der treibenden Spannung u_{TS}. Jede von einem Kondensator C_i gelieferte Ladungsmenge Δq, wird auch den Kondensatoren C_{i+1} bis C_n entnommen. Somit ergibt sich für die Welligkeit:

$$\delta_{UA} = \sum_{i=1}^{n} \delta_{Ui} = \frac{I_A}{2f} \cdot \left(\frac{1}{C_1} + \frac{2}{C_2} + \frac{3}{C_3} + \ldots + \frac{n}{C_n} \right) \quad \text{bzw.} \tag{3.5}$$

$$\delta_{UA} = \frac{I_A}{2f} \cdot \sum_{i=1}^{n} \frac{i}{C_i}. \tag{3.6}$$

Bei gleich großen Kapazitätswerten ergibt sich nach Gleichung (3.5)

$$\delta_{UA} = \frac{I_A}{f \cdot C} \cdot \frac{n(n+1)}{4}. \tag{3.7}$$

Nach (3.6) haben die Kondensatoren der Schubsäule keinen Einfluss auf die Welligkeit. Die Kaskade erreicht im Leerlauf eine maximale Ausgangsspannung von

$$U_{A,\max}(I_A = 0) = 2n \cdot \hat{U}_{TS}. \tag{3.8}$$

Bei einer Belastung mit einem Strom I_A sinkt das Maximum der Ausgangsspannung auf

$$U_{A,\max}\left(|I_A|>0\right)=2n\cdot\hat{U}_{TS}-\Delta_{UA}. \tag{3.9}$$

Die maximale erreichbare Ausgangsspannung bei einer Belastung mit I_A lässt sich aus der Summe der maximalen Spannungen der Kondensatoren der Glättungssäule bestimmen [6]. Während der Kondensator C_{n*} auf die Eingangsspannung geladen wird, kann die Spannung des Kondensators C_n wegen der Aufladung über C_{n*} nur auf

$$U_{Cn,\max}=2\cdot\hat{U}_{TS}-\frac{n\cdot\Delta q}{C_{n*}} \tag{3.10}$$

steigen. Die maximale Spannung des Kondensators C_{n*-1}, der durch C_n geladen wird, beträgt

$$U_{Cn*-1,\max}=2\cdot\hat{U}_{TS}-\frac{n\cdot\Delta q}{C_{n*}}-\frac{n\cdot\Delta q}{C_n}=2\cdot\hat{U}_{TS}-\Delta q\cdot\left(\frac{n}{C_{n*}}+\frac{n}{C_n}\right). \tag{3.11}$$

Der Kondensator C_{n-1} wird auf die Spannung

$$U_{Cn-1,\max}=U_{Cn*-1,\max}-\frac{(n-1)\cdot\Delta q}{C_{n*-1}}=2\cdot\hat{U}_{TS}-\Delta q\cdot\left(\frac{n}{C_{n*}}+\frac{n}{C_n}+\frac{(n-1)}{C_{n*-1}}\right) \tag{3.12}$$

aufgeladen. Es lässt sich nach diesem Prinzip die maximale Spannung jedes Kondensators bestimmen

$$U_{C1,\max}=U_{C1*}-\frac{\Delta q}{C_{1*}}. \tag{3.13}$$

Damit ergibt sich eine maximale Ausgangsspannung der Kaskade zu

$$U_{A,\max}=\sum_{i=1}^{n}U_{Ci,\max}=2n\cdot\hat{U}_{TS}-\frac{n^2\cdot\Delta q}{C_{n*}}-\frac{(n-1)\cdot n\cdot\Delta q}{C_n}-...-\frac{\Delta q}{C_{1*}}. \tag{3.14}$$

Bei gleich großen Kapazitätswerten C vereinfacht sich Gleichung (3.14) nach [6] zu

$$U_{A,\max}=2n\cdot\hat{U}_{TS}-\frac{\Delta q}{C}\cdot\frac{4n^3+3n^2-n}{6}. \tag{3.15}$$

Der belastungsabhängige Spannungsabfall Δ_{UA} der Kaskade beträgt

$$\Delta_{UA}=2n\cdot\hat{U}_{TS}-\sum_{i=1}^{n}U_{Ci,\max}=\frac{n^2\cdot\Delta q}{C_{n*}}-\frac{(n-1)\cdot n\cdot\Delta q}{C_n}-...-\frac{\Delta q}{C_{1*}}. \tag{3.16}$$

Neben dem Laststrom I_A und der Frequenz f der treibenden Spannung u_{TS}, ist die Höhe des Spannungsabfalls Δ_{UA} abhängig von der Kapazität der Schub- und

Glättungskondensatoren. Mit Hilfe der Gleichungen (3.6) und (3.16) lässt sich die mittlere Ausgangsspannung U_A berechnen:

$$U_A = 2n \cdot \hat{U}_{TS} - \Delta_{UA} - \delta_{UA}$$
$$U_A = 2n \cdot \hat{U}_{TS} - \frac{n^2 \cdot \Delta q}{C_{n*}} - \frac{(n-1) \cdot n \cdot \Delta q}{C_n} - \ldots - \frac{\Delta q}{C_{1*}} - \frac{\Delta q}{2} \cdot \sum_{i=1}^{n} \frac{i}{C_i} \quad . \tag{3.17}$$

Für gleichgroße Kapazitätswerte C ergibt sich die mittlere Ausgangsspannung der Kaskade nach [6] zu

$$U_A = 2n \cdot \hat{U}_{TS} - \frac{\Delta q}{C} \cdot \frac{8n^3 + 9n^2 + n}{12} . \tag{3.18}$$

Unter Nutzung von Gleichung (3.17) lässt sich ein Ersatzschaltbild für die Greinacher-Kaskadenschaltung im stationären Zustand entwickeln (Abbildung 3-3).

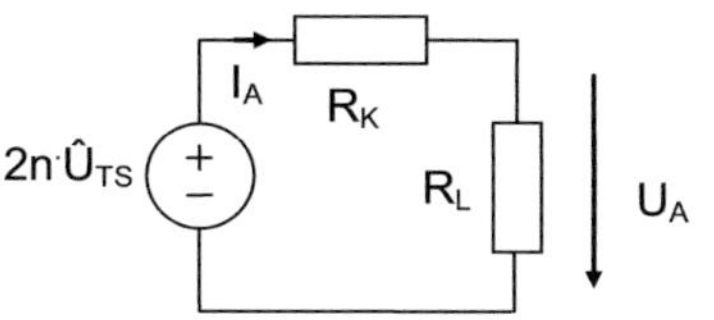

Abbildung 3-3: Ersatzschaltbild der Greinacher-Kaskadenschaltung im stationären Zustand.

Dabei ist R_K der Innenwiderstand der Kaskade, der sich folgendermaßen zusammensetzt:

$$R_K = f\left(C_{i*}, C_i, f, n\right) . \tag{3.19}$$

Ausgehend von Abbildung 3-3 ergibt sich die stationäre Übertragungsfunktion der Kaskade:

$$\frac{U_A}{\hat{U}_{TS}} = \ddot{u}_K = \frac{2n}{1 + \frac{R_K}{R_L}} . \tag{3.20}$$

3.2 Analytisches Modell der Greinacher-Kaskadenschaltung

Es existiert eine Vielzahl unterschiedlicher Ansätze für die Erstellung eines analytischen Modells der Greinacher-Kaskadenschaltung. Eine Gemeinsamkeit dieser Herleitungen ist die Annahme einer rechteckförmigen Eingangsspannung u_{TS} der Spannungsvervielfacherschaltung. Bei den im Rahmen dieser Arbeit betrachteten Wandlerstrukturen ist der Verlauf der Eingangsspannung u_{TS} der Greinacher-Kaskadenschaltung weder ideal sinus- noch rechteckförmig (Abschnitt 4.1.3, Abbildung 4-6 (c)). Beim Übergang zwischen dem Blockierzustand in den Leitzustand der Spannungsvervielfacherschaltung kommt es auch in der Praxis zur sprunghaften Änderungen der Diodenströme (Abbildung 3.4). Der Resonanzkreis wird während der Leitdauer θ verhältnismäßig stark gedämpft. Die Eingangsspannung wird daher für die Herleitung des analytischen Modells mit einem rechteckförmigen Verlauf approximiert. Die zu diskreten Zeitpunkten auftretenden Sprünge von u_{TS} ver-ursachen sprunghafte Veränderungen des Ausgangs- und Zustandsvektors [2]. Die mit dieser Annahme verbundenen unendlich großen Stromspitzen (Dirac-Impuls) werden für die Herleitung des Modells nicht berücksichtigt. Auch in der Praxis verhindern parasitäre Leitungsinduktivitäten und Kommutierungsvorgänge der Dioden mit einer endlichen Zeitdauer diese hohen Stromspitzen. Vergleichende Messungen und Simulationen zeigen, dass das Großsignalmodell mit diesen Näherungen das dynamische Verhalten der Greinacher-Kaskadenschaltung mit hinreichender Genauigkeit nachbildet.

Das Ergebnis des Modellbildungsprozess ist ein zeitdiskretes Großsignalmodell. In [65] wird ein Vierpolnetzwerk erstellt. Jeweils ein Vierpol modelliert eine Stufe n der Greinacher-Kaskadenschaltung. Jeder Vierpol wird nach [68] mit vier Übertragungsfunktionen charakterisiert. In Abhängigkeit der Stufenanzahl werden n Vierpole in Reihe geschaltet. Maranesi [73] erweitert diesen Ansatz indem er jede Stufe mit einem Sechspol und den zugehörigen neun Übertragungsfunktionen beschreibt. Mit dem Ziel ein geschlossenes Gleichungssystem des Klasse-D-Wandlers abzuleiten, benötigt man ausschließlich die Übertragungscharakteristik der Ausgangsspannung U_A zur Eingangsspannung $\hat{U}_{TS}$ der Greinacher-Kaskadenschaltung. Daher erfolgt die Herleitung des dynamischen Modells basierend auf einer in [116] vorgestellten Methode.

3.2.1 Herleitung der diskreten Zustandsgleichungen

Die zeitdiskreten Zustandsgleichungen des linearen zeitinvarianten Systems lauten:

$$\begin{aligned}\vec{x}\left[(k+1)T\right] &= \mathbf{A}\cdot\vec{x}(kT)+\mathbf{B}\cdot\vec{u}(kT)\\ \vec{y}(kT) &= \mathbf{C}\cdot\vec{x}(kT)+\mathbf{D}\cdot\vec{u}(kT)\end{aligned}$$ [70], (3.21),(3.21)

In Annahme, dass

- der Eingangsvektor durch $\vec{u}\ (kT) = u_{TS}(kT)$,
- der Ausgangvektor durch $\vec{y}\ (kT) = U_A(kT)$ sowie
- der Zustandsvektor durch $\vec{x}\ (kT) = \left(U_{C1}(kT) \quad U_{C2}(kT) \quad \ldots \quad U_{Cn}(kT)\right)^T$

definiert sind, ergeben sich folgende Dimensionen für die Matrizen des Zustandsgleichungssystems:

- $\dim(\mathbf{A}) = n \times n$,
- $\dim(\mathbf{B}) = n \times 1$,
- $\dim(\mathbf{C}) = 1 \times n$ sowie
- $\dim(\mathbf{D}) = 1 \times 1$.

Alle Matrizen sind Koeffizientenmatrizen. Die Variable n ist die Stufenanzahl der Greinacher-Kaskadenschaltung.

Die Sprünge der Eingangsspannungen treten zu den diskreten Zeitpunkten $t = kT$, $t = (k+1/2)T$ und $t = (k+1)T$ der k-ten Periode auf (Abbildung 3-4). Für eine mathematische Beschreibung dieser abrupten Umladevorgänge wird eine links- bzw. rechtseitige Grenzwertbetrachtung durchgeführt. Folgende Abkürzungen werden für eine vereinfachende Schreibweise vereinbart:

$$T^{+} = \lim_{t_0\to 0}\left(T + t_0\right) \quad \text{bzw.} \quad T^{-} = \lim_{t_0\to 0}\left(T - t_0\right). \tag{3.22}$$

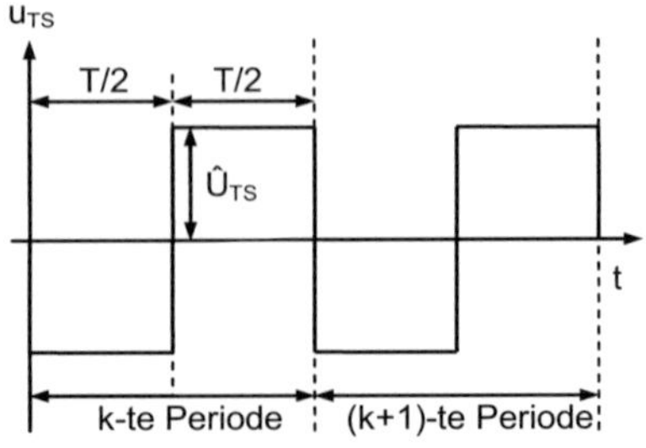

Abbildung 3-4: Approximierte Eingangsspannung der Greinacher-Kaskadenschaltung.

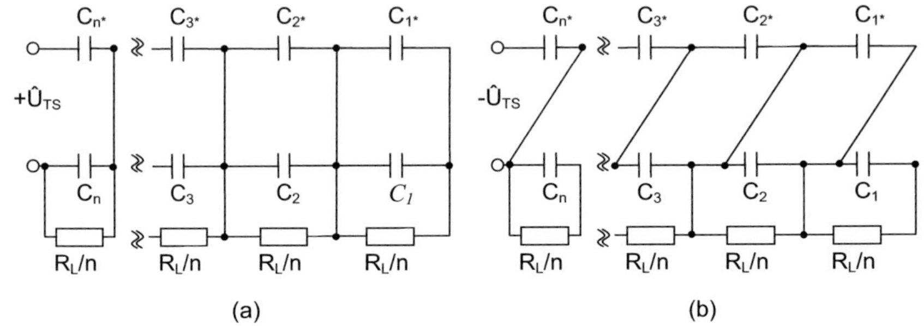

Abbildung 3-5: Vereinfachte Schaltung der Greinacher-Kaskadenschaltung a) Positive Eingangsspannung, b) Negative Eingangsspannung.

Die nach Abbildung 3-5 vereinfachten Schaltungen gelten für eine gleichmäßige Aufteilung der Kondensatorspannungen. Dazu bedarf es einer Verteilung der Kapazitäten entsprechend Gleichung (3.5). Zum Zeitpunkt $t = kT^+$ liegt am Eingang der Kaskade eine negative Spannung an. Die Spannungen U_{i*} der Schubkondensatoren ($C_{1*}, C_{2*}, ..., C_{n*}$) und U_i der Glättungskondensatoren ($C_1, C_2, ..., C_n$) der i-ten Stufe der Greinacher-Kaskade liegen im eingeschwungenen Zustand zu Beginn der k-ten Periode an. Nach Abbildung 3-5 (b) gilt für die Masche der i-ten Stufe der Greinacher-Kaskade, (bestehend aus Schubkondensator C_{i-1*}, Glättungskondensator C_i und Widerstand R/n (mit $i = 2...n$)):

$$U_i\left(kT^+\right) = U_{i-1*}\left(kT^+\right) = \frac{1}{C_i + C_{i-1*}}\left[C_i U_i\left(kT^-\right) + C_{i-1*} U_{i-1*}\left(kT^-\right)\right]. \tag{3.23}$$

Zum Zeitpunkt $t = kT^+$ sind die Spannungen des Schubkondensators C_{i-1*} und des Glättungskondensators C_i gleich (Gleichung (3.23)). Die Anzahl der in den Kondensatoren C_{i-1*} und C_i gespeicherten Ladungen bleibt gegenüber dem Zeitpunkt $t = kT^-$ unverändert. Es findet ein abrupter Umladevorgang zwischen diesen beiden

Kondensatoren statt. Der Glättungskondensator C_i (mit $i = 2...n$) wird durch die Last R_L/n permanent entladen. Dadurch verringert sich seine Spannung U_i für $kT \leq t \leq (k+1/2)T$ um Δu_i:

$$\Delta u_i = \Delta u_{i-1*} = \frac{1}{C_i + C_{i-1*}} \int_{kT}^{(k+1/2)T} -\frac{n}{R_L} \cdot U_i\left(kT^+\right) dt \,. \tag{3.24}$$

Die Spannung U_i des Glättungskondensators C_i beträgt demnach:

$$U_i\left[\left(k+1/2\right)T^-\right] = U_i\left(kT^+\right) + \Delta u_i = U_i\left(kT^+\right)\left(1 - \frac{nT}{2R_L \cdot \left(C_i + C_{i-1*}\right)}\right). \tag{3.25}$$

Unter Verwendung von Gleichung (3.23) gilt:

$$U_i\left[\left(k+1/2\right)T^-\right] = \frac{1}{C_i + C_{i-1*}}\left[C_i U_i\left(kT^-\right) + C_{i-1*} U_{i-1*}\left(kT^-\right)\right]\left(1 - \frac{nT}{2R_L \cdot \left(C_i + C_{i-1*}\right)}\right) \tag{3.26}$$

mit $U_{i*}(kT^-) = U_i(kT^-)$.

Für den Glättungskondensator C_1 gilt hingegen:

$$U_1\left(kT^+\right) = U_1\left(kT^-\right) \tag{3.27}$$

und

$$\Delta u_1 = \frac{1}{C_1} \int_{kT}^{(k+1/2)T} -\frac{n}{R_L} \cdot U_1\left(kT^+\right) dt \,. \tag{3.28}$$

Bis zum Ende der ersten Zeitperiode $t = (k + 1/2)T^-$, wobei $T/2 << R_L C_i$, werden die Kondensatoren durch die Last R_L/n entladen. Daraus folgt für den Kondensator C_1 ein Verhältnis der Spannungen $U_1[(k+1/2)T^-]$ und $U_1(kT^+)$ von:

$$U_1\left[\left(k+1/2\right)T^-\right] = U_1\left(kT^+\right)\left(1 - \frac{nT}{2R_L \cdot C_1}\right). \tag{3.29}$$

Durch Einsetzen von Gleichung (3.27) in Gleichung (3.29) erhält man:

$$U_1\left[\left(k+1/2\right)T^-\right] = U_1\left(kT^-\right)\left(1 - \frac{nT}{2R_L \cdot C_1}\right). \tag{3.30}$$

Der Kondensator C_{n*} wird direkt von der treibenden Spannung u_{TS} geladen:

$$U_{n*}\left[\left(k+1/2\right)T^-\right] = \hat{U}_{TS} \,. \tag{3.31}$$

Im Zeitraum $(k+1/2)T^{+} \leq t < (k+1)T^{-}$ bilden der Schubkondensator C_{i*}, der Glättungskondensator C_i und der Widerstand R_L/n (mit $i=1, ..., n-1$) eine Masche (Abbildung 3-5 (a)). Die Spannung des Kondensators C_i ergibt sich entsprechend Gleichung (3.23):

$$U_i\left[(k+1/2)T^{+}\right]=\frac{1}{C_i+C_{i*}}\left(C_iU_i\left[(k+1/2)T^{-}\right]+C_{i*}U_{i*}\left[(k+1/2)T^{-}\right]\right). \tag{3.32}$$

Für die Spannungen der Kondensatoren C_n und C_{n*} der Greinacher-Kaskade gilt der folgende Zusammenhang:

$$U_n\left[(k+1/2)T^{+}\right]=\hat{U}_{TS}+U_{n*}\left[(k+1/2)T^{+}\right]. \tag{3.33}$$

In der Annahme, dass die treibende Spannung u_{TS} während des Zeitraumes $(k+1/2)T \leq t < (k+1)T^{-}$ keine zusätzlichen Ladungen in den Kreis einbringt, folgt:

$$C_nU_n\left[(k+1/2)T^{+}\right]+C_{n*}U_{n*}\left[(k+1/2)T^{+}\right]=C_nU_n\left[(k+1/2)T^{-}\right]+C_{n*}U_{n*}\left[(k+1/2)T^{-}\right]. \tag{3.34}$$

Das Einsetzen von Gleichung (3.33) in Gleichung (3.34) ergibt:

$$\begin{aligned}&C_nU_n\left[(k+1/2)T^{+}\right]+C_{n*}\left(-\hat{U}_{TS}+U_n\left[(k+1/2)T^{+}\right]\right)=\\&\qquad C_nU_n\left[(k+1/2)T^{-}\right]+C_{n*}U_{n*}\left[(k+1/2)T^{-}\right]\end{aligned}. \tag{3.35}$$

Mit Gleichung (3.31) gilt für U_n:

$$U_n\left[(k+1/2)T^{+}\right]=\frac{1}{C_n+C_{n*}}\left(2C_{n*}\cdot\hat{U}_{TS}+C_nU_n\left[(k+1/2)T^{-}\right]\right). \tag{3.36}$$

Die Entladung der Glättungskondensatoren C_i (mit $i=1,...,n$) erfolgt für $t<(k+1)T^{-}$ ebenfalls über den Lastwiderstand. Somit ergibt sich:

$$\Delta u_i=\frac{1}{C_i+C_{i*}}\int\limits_{(k+1/2)T}^{(k+1)T}-\frac{n}{R_L}\cdot U_i\left[(k+1/2)T^{+}\right]dt, \tag{3.37}$$

und für die Spannung des Kondensators C_i (mit $i=(1,...,n\text{-}1)$ und $T/2 << R_L\left(C_i+C_{i*}\right)$) gilt:

$$U_i\left[(k+1)T^{-}\right]=\frac{1}{C_i+C_{i*}}\left(C_iU_i\left[(k+1/2)T^{-}\right]+C_{i*}U_{i*}\left[(k+1/2)T^{-}\right]\right)\cdot\left(1-\frac{nT}{2R_L\cdot(C_n+C_{n*})}\right) \tag{3.38}$$

mit

$$U_{i*}\left[(k+1/2)T^{-}\right]=U_{i+1}\left[(k+1/2)T^{-}\right].$$

Im Gegensatz dazu entlädt sich der Glättungskondensator C_n auf:

$$U_n\left[(k+1)T^-\right]=\frac{1}{C_n+C_{n*}}\left(2C_{n*}\cdot\hat{U}_{TS}+C_nU_n\left[(k+1/2)T^-\right]\right)\cdot\left(1-\frac{nT}{2R_L\cdot(C_n+C_{n*})}\right). \tag{3.39}$$

Durch Einsetzen der Gleichung (3.30) in Gleichung (3.38) (für $i = 1$) ergibt sich für die Spannung U_1 während einer Periode T:

$$\begin{aligned}U_1\left[(k+1)T^-\right]=&\,U_1\left(kT^-\right)\frac{C_1}{C_1+C_{1*}}\left(1-\frac{nT}{2R_LC_1}\right)\left(1-\frac{nT}{2R_L\cdot(C_1+C_{1*})}\right)\\&+U_1\left(kT^-\right)\frac{C_{1*}^2}{(C_1+C_{1*})(C_{1*}+C_2)}\left(1-\frac{nT}{2R_L\cdot(C_{1*}+C_2)}\right)\left(1-\frac{nT}{2R_L\cdot(C_1+C_{1*})}\right)\\&+U_2\left(kT^-\right)\frac{C_{1*}C_2}{(C_1+C_{1*})(C_{1*}+C_2)}\left(1-\frac{nT}{2R_L\cdot(C_{1*}+C_2)}\right)\left(1-\frac{nT}{2R_L\cdot(C_1+C_{1*})}\right).\end{aligned} \tag{3.40}$$

Gleichsam ergibt sich aus der Kombination von Gleichung (3.26) und Gleichung (3.38) für die Kondensatorspannungen der i-ten Stufe (mit $i=2,...,n-1$):

$$\begin{aligned}U_i\left[(k+1)T^-\right]=&\,U_{i-1}\left(kT^-\right)\frac{C_iC_{i-1*}}{(C_i+C_{i*})(C_i+C_{i-1*})}\left(1-\frac{nT}{2R_L\cdot(C_i+C_{i-1*})}\right)\left(1-\frac{nT}{2R_L\cdot(C_i+C_{i*})}\right)\\&+U_i\left(kT^-\right)\frac{C_i^2}{(C_i+C_{i*})(C_i+C_{i-1*})}\left(1-\frac{nT}{2R_L\cdot(C_i+C_{i-1*})}\right)\left(1-\frac{nT}{2R_L\cdot(C_i+C_{i*})}\right)\\&+U_i\left(kT^-\right)\frac{C_{i*}^2}{(C_i+C_{i*})(C_{i+1}+C_{i*})}\left(1-\frac{nT}{2R_L\cdot(C_{i+1}+C_{i*})}\right)\left(1-\frac{nT}{2R_L\cdot(C_i+C_{i*})}\right)\\&+U_{i+1}\left(kT^-\right)\frac{C_{i*}C_{i+1}}{(C_i+C_{i*})(C_{i+1}+C_{i*})}\left(1-\frac{nT}{2R_L\cdot(C_{i+1}+C_{i*})}\right)\left(1-\frac{nT}{2R_L\cdot(C_i+C_{i*})}\right).\end{aligned} \tag{3.41}$$

Für die n-te Stufe berechnet sich die Spannung U_n durch Einsetzen der Gleichung (3.26) (mit $i = n$) in Gleichung (3.39):

$$\begin{aligned}U_n\left[(k+1)T^-\right]=&\,U_{n-1}\left(kT^-\right)\frac{C_nC_{n-1*}}{(C_n+C_{n*})(C_n+C_{n-1*})}\left(1-\frac{nT}{2R_L\cdot(C_n+C_{n-1*})}\right)\left(1-\frac{nT}{2R_L\cdot(C_n+C_{n*})}\right)\\&+U_n\left(kT^-\right)\frac{C_n^2}{(C_n+C_{n*})(C_n+C_{n-1*})}\left(1-\frac{nT}{2R_L\cdot(C_n+C_{n-1*})}\right)\left(1-\frac{nT}{2R_L\cdot(C_n+C_{n*})}\right)\\&+\hat{U}_{TS}\frac{2C_{n*}}{C_n+C_{n*}}\left(1-\frac{nT}{2R_L\cdot(C_n+C_{n*})}\right).\end{aligned} \tag{3.42}$$

Die Systemmatrix $\mathbf{A}$ (Gleichung (3.21)) lässt sich mit Hilfe der Gleichungen (3.40) bis (3.42) durch einen Koeffizientenvergleich mit:

$$\begin{aligned} U_1\left[(k+1)T\right] &= a_{1,1}\cdot U_1(kT) + a_{1,2}\cdot U_2(kT) + \cdots + a_{1,n}\cdot U_n(kT) \\ U_2\left[(k+1)T\right] &= a_{2,1}\cdot U_1(kT) + a_{2,2}\cdot U_2(kT) + \cdots + a_{2,n}\cdot U_n(kT) \\ &\vdots \\ U_n\left[(k+1)T\right] &= a_{n,1}\cdot U_1(kT) + a_{n,2}\cdot U_2(kT) + \cdots + a_{n,n}\cdot U_n(kT) \end{aligned} \quad (3.43)$$

bestimmen. Damit folgt für die Koeffizienten $a_{j,k}$:

- mit $j=1$ gilt:

  für $k<3$

$$a_{1,1} = \frac{C_{1*}^2}{(C_1+C_{1*})(C_{1*}+C_2)}\left(1-\frac{nT}{2R_L\cdot(C_{1*}+C_2)}\right)\left(1-\frac{nT}{2R_L\cdot(C_1+C_{1*})}\right) + \frac{C_1}{C_1+C_{1*}}\left(1-\frac{nT}{2R_L\cdot C_1}\right)\left(1-\frac{nT}{2R_L\cdot(C_1+C_{1*})}\right)$$

$$a_{1,2} = \frac{C_{1*}C_2}{(C_1+C_{1*})(C_{1*}+C_2)}\left(1-\frac{nT}{2R_L\cdot(C_1+C_{1*})}\right)\left(1-\frac{nT}{2R_L\cdot(C_1+C_{1*})}\right)$$

  für $3\le k\le n$

$$a_{1,k}=0$$

- mit $1<j<n$ gilt:

  für $1\le k\le j-2$ und $j+2\le k\le n$:

$$a_{j,k}=0$$

  für $k=j-1$:

$$a_{j,k} = \frac{C_jC_{j-1*}}{(C_j+C_{j*})(C_j+C_{j-1*})}\left(1-\frac{nT}{2R_L\cdot(C_j+C_{j-1*})}\right)\left(1-\frac{nT}{2R_L\cdot(C_j+C_{j*})}\right)$$

  für $k=j$:

$$a_{j,k} = \frac{C_j^2}{(C_j+C_{j*})(C_j+C_{j-1*})}\left(1-\frac{nT}{2R_L\cdot(C_j+C_{j-1*})}\right)\left(1-\frac{nT}{2R_L\cdot(C_j+C_{j*})}\right) + \frac{C_{j*}^2}{(C_j+C_{j*})(C_{j+1}+C_{j*})}\left(1-\frac{nT}{2R_L\cdot(C_{j+1}+C_{j*})}\right)\left(1-\frac{nT}{2R_L\cdot(C_j+C_{j*})}\right)$$

  für $k=j+1$:

$$a_{j,k} = \frac{C_{j+1}C_{j*}}{(C_j+C_{j*})(C_{j+1}+C_{j*})}\left(1-\frac{nT}{2R_L\cdot(C_{j+1}+C_{j*})}\right)\left(1-\frac{nT}{2R_L\cdot(C_j+C_{j*})}\right)$$

- mit $j = n$ gilt:

  für $1 \le k \le n-2$:

$$a_{n,k} = 0$$

  für $k = n-1$:

$$a_{n,n-1} = \frac{C_n C_{n-1*}}{(C_n + C_{n*})(C_n + C_{n-1*})}\left(1 - \frac{nT}{2R_L \cdot (C_n + C_{n-1*})}\right)\left(1 - \frac{nT}{2R_L \cdot (C_n + C_{n*})}\right)$$

  für $k = n$:

$$a_{n,n} = \frac{C_n^2}{(C_n + C_{n*})(C_n + C_{n-1*})}\left(1 - \frac{nT}{2R_L \cdot (C_n + C_{n-1*})}\right)\left(1 - \frac{nT}{2R_L \cdot (C_n + C_{n*})}\right).$$

Die Koeffizienten der Steuermatrix **B** (Gleichung (3.21)) vermitteln zwischen den Zustandsvariablen und der Eingangsgröße. Diese lassen sich mit Hilfe von:

$$\begin{aligned} U_1\left[(k+1)T\right] &= b_1 \cdot \hat{U}_{TS}(kT) \\ U_2\left[(k+1)T\right] &= b_2 \cdot \hat{U}_{TS}(kT) \\ &\vdots \\ U_n\left[(k+1)T\right] &= b_n \cdot \hat{U}_{TS}(kT) \end{aligned} \tag{3.44}$$

und den Gleichungen (3.40) bis (3.42) durch einen Koeffizientenvergleich bestimmen. Es weist nur die Gleichung (3.42) eine Abhängigkeit von der treibenden Spannung $\hat{U}_{TS}$ auf. Damit folgt für die Koeffizienten b_j der Steuermatrix:

- mit $j \ne n$ gilt:

$$b_j = 0$$

- mit $j = n$ gilt:

$$b_n = \frac{2C_{n*}}{C_n + C_{n*}}\left(1 - \frac{nT}{2R_L \cdot (C_n + C_{n*})}\right).$$

Die Abhängigkeit der Ausgangsspannung von den Zustandsvariablen beschreibt die Ausgangsmatrix $\underline{\mathbf{C}}$ (Gleichung (3.21)). Zur Bestimmung deren Koeffizienten wird die folgende Gleichung benutzt:

$$U_A[kT] = c_1 \cdot U_1(kT) + c_2 \cdot U_2(kT) + \cdots + c_n \cdot U_n(kT). \tag{3.45}$$

Dies führt zu den Koeffizienten c_j:

- mit $1 \le j \le n$ gilt:

$$c_j = 1.$$

Der Koeffizient der Durchgangsmatrix $\underline{\mathbf{D}}$ (Gleichung (3.21)), der den Zusammenhang zwischen der Ausgangsspannung U_A und der Eingangsspannung u_{TS} beschreibt, lässt sich folgendermaßen bestimmen:

$$U_A[kT] = d \cdot \hat{U}_{TS}(kT). \tag{3.46}$$

Die Ausgangsspannung ist nach Gleichung (3.45) nur vom Zustandsvektor abhängig. Damit ist der Koeffizient der Durchgangsmatrix:

$$d = 0.$$

Die lineare Übertragungsfunktion lässt sich aus den Zustandsgleichungen (3.21) ableiten. Durch Transformation in den z-Bereich [81] ergibt sich:

$$\begin{aligned}(z\mathbf{I} - \mathbf{A}) \cdot \vec{x}(z) &= \mathbf{B} \cdot \vec{u}(z) \\ \vec{y}(z) &= \mathbf{C} \cdot \vec{x}(z) + \mathbf{D} \cdot \vec{u}(z)\end{aligned}. \tag{3.47}$$

$\mathbf{I}$ ist die Einheitsmatrix. Sowohl der Eingangsvektor als auch der Ausgangsvektor besitzen nur ein Element. Damit hat die zwischen diesen beiden Vektoren vermittelnde Funktion auch nur ein Element und kann daher als Skalar geschrieben werden:

$$P(z) = y(z)/u(z) = \mathbf{C}(z\mathbf{I} - \mathbf{A})^{-1}\mathbf{B} \tag{3.48}$$

bzw.

$$P(z) = \begin{pmatrix} c_1 & \cdots & c_n \end{pmatrix} \begin{pmatrix} z - a_{1,1} & -a_{1,2} & \cdots & -a_{1,n} \\ -a_{2,1} & z - a_{2,2} & \cdots & -a_{2,n} \\ \vdots & \vdots & \ddots & \vdots \\ -a_{n,1} & -a_{n,2} & \cdots & z - a_{n,n} \end{pmatrix}^{-1} \begin{pmatrix} b_1 \\ \vdots \\ b_n \end{pmatrix}. \tag{3.49}$$

Die für den Nennarbeitspunkt ($R_L = 500\ k\Omega$, $f_s = 200\ kHz$, Kapazitätswerte folgen dem Entwurf nach Abschnitt 4.1.2) gültige diskrete Übertragungsfunktion der Greinacher-Kaskadenschaltung beträgt:

$$P(z) = \frac{0{,}998z^2 - 0{,}901z + 0{,}211}{z^3 - 1{,}488z^2 + 0{,}591z - 0{,}049}. \tag{3.50}$$

3.2.2 Zeitkontinuierliches Modell der Greinacher-Kaskadenschaltung

Für die Reglersynthese eines quasizeitkontinuierlichen bzw. kontinuierlichen Reglers ist es notwendig die zeitdiskrete Übertragungsfunktion $P(z)$ zeitkontinuierlich zu beschreiben. Die Berechnung der kontinuierlichen Übertragungsfunktion im Bildbereich (s-Bereich) erfolgt an dieser Stelle mit der inversen z-Transformation [81]. Dabei wird der Inhalt des Einheitskreises aus dem z-Bereich auf die gesamte linke Seite der s-Ebene transformiert [81]. Der Einheitskreis selbst wird im s-Bereich als Y-Achse von $-j\pi$ bis $j\pi$ abgebildet. Die Fläche außerhalb des Einheitskreises beschreibt im s-Bereich die gesamte rechte s-Ebene. Mit Hilfe der inversen z-Transformation [76] folgt aus Gleichung (3.50):

$$P(s) = 3{,}51 \cdot 10^5 \frac{\left(s^2 + 3{,}11 \cdot 10^5 s + 2{,}57 \cdot 10^{10}\right)}{\left(s^3 + 6{,}02 \cdot 10^5 s^s + 7{,}61 \cdot 10^{10} + 1{,}58 \cdot 10^{15}\right)}. \tag{3.51}$$

Die Bodediagramme beider Gleichungen ((3.50) und (3.51)) zeigen eine gute Übereinstimmung bis zu einer Schaltfrequenz von $f = 10\ kHz$ (Abbildung 3-6 a)). Das Bodediagramm der zeitdiskreten Funktion wird mit der Transformation:

$$z = e^{j\omega T_A} \tag{3.52}$$

erstellt. Die Abtastzeit T_A wurde entsprechend f_s mit $T_A = 5\mu s$ gewählt. Nach [5, 116] lässt sich das dynamische Verhalten einer Greinacher-Kaskadenschaltung durch eine Verstärkung und einen Tiefpass erster Ordnung approximieren. Die genäherte Übertragungsfunktion lautet:

$$P(s)_1 = \frac{V_K}{1 + T_K s} = \frac{5{,}70}{1 + 4{,}20 \cdot 10^{-5} s}. \tag{3.53}$$

Ein Vergleich der Bodediagramme von $P(z)$ und $P(s)_1$ ergibt eine sehr gute Übereinstimmung bis zu einer Frequenz von $f = 20\ kHz$ (Abbildung 3-6 b)).

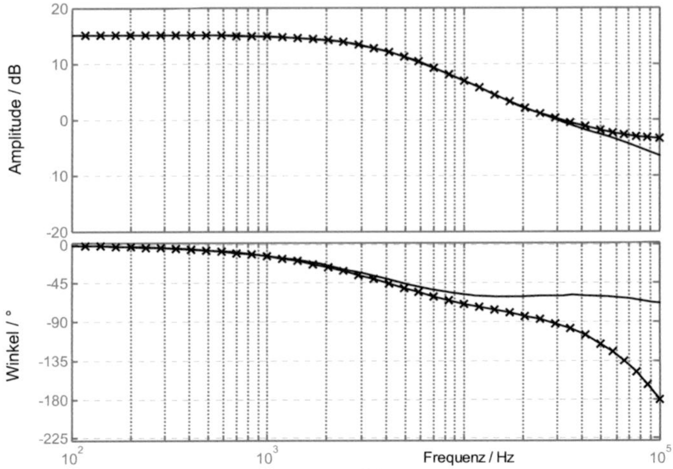

(a)

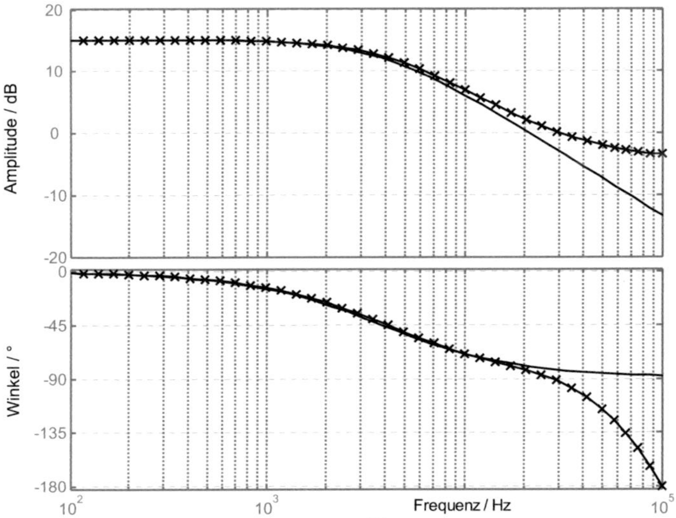

(b)

Abbildung 3-6: Vergleich der diskreten Übertragungsfunktion $P(z)$ (mit Marker x) und (a) der kontinuierlichen Übertragungsfunktion $P(s)$ sowie (b) der genäherten kontinuierlichen Übertragungsfunktion $P(s)_1$.

Die Verstärkung V_K von $P(s)_1$ genügt dem Übersetzungsverhältnis $ü_K$ der Greinacher-Kaskadenschaltung und lässt sich mit Gleichung (3.21) berechnen. Die Zeitkonstante T_K entspricht dem Schnittpunkt der Funktion $\varphi_{P(z)}(z)$ bei einem Funktionswert von

$\varphi_{P(z)} = -45°$. Die Parameter der Gleichung (3.53) sind abhängig vom Arbeitspunkt des Wandlers (Abbildung 3-7).

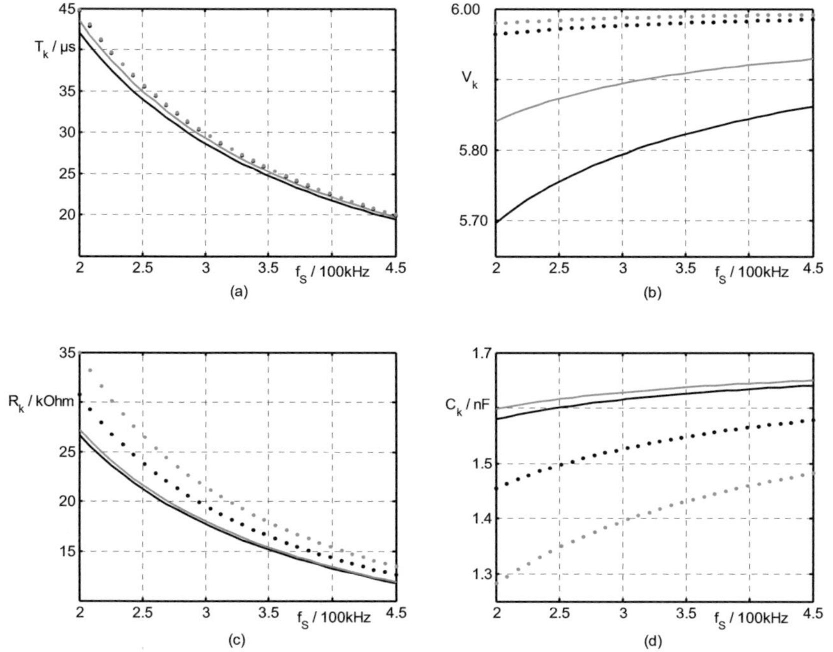

Abbildung 3-7: Zeitkonstante T_K, Verstärkung V_K, Ersatzelemente R_K und C_K als Funktion der Schaltfrequenz f_s und des Lastwiderstandes R_L,

$R_L \in$ {0,5 MΩ (schwarz); 1,0 MΩ (grau);

5,0 MΩ (schwarz(······)); 10,0 MΩ (grau(······))}.

Der Vergleich der Sprungantworten eines geschalten Modells einer dreistufigen Kaskadenschaltung und ihres vereinfachten Modells verifiziert das Ergebnis des Modellbildungsprozesses (Abbildung 3-8).

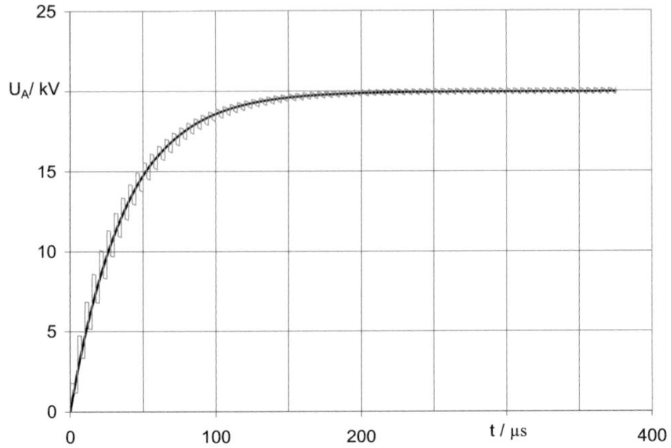

Abbildung 3-8: Sprungantwort einer dreistufigen Greinacher-Kaskadenschaltung (grau) und ihres vereinfachten Models (schwarz).

3.3 Leistungsdioden in der Greinacher-Kaskadenschaltung

Sämtliche Bauelemente der Greinacher-Kaskadenschaltung (Abbildung 3-3), ausgenommen des Kondensators C_{n^*}, haben im Leerlauf der Kaskade eine Sperrspannungsbelastung in Höhe des zweifachen Maximalwertes der treibenden Spannung. Bei einer belasteten Kaskade variiert die Sperrspannungsbelastung von Stufe zu Stufe und lässt sich mit Hilfe der Gleichungen (3.10) bis (3.13) für das jeweilige Bauelement berechnen.

Für eine Minimierung der parasitären Kapazitäten bedarf es einer kleinen Baugröße der Kaskadenschaltung [38]. Dies führt gleichsam zu einer geringeren kapazitiven Belastung des Resonanzwandlers. Das Volumen der Kondensatoren steht im Zusammenhang mit deren Kapazität [30]. Einerseits kann somit die Baugröße der Spannungsvervielfacherschaltung durch eine Verkleinerung der benötigten Kapazitäten reduziert werden. Für eine konstante Welligkeit $2\delta_{UA}$ bedarf es jedoch einer Erhöhung der Frequenz der treibenden Spannung. Andererseits lässt sich eine kleinere Baugröße mit geringeren Abständen der Bauelemente untereinander oder zum Gehäuse erreichen. Für nähere Erläuterungen der zweiten Möglichkeit sei an dieser Stelle auf den Abschnitt 3.3 verwiesen.

Bei einer Erhöhung der Betriebsfrequenz folgt eine Zunahme der Verlustleistung des Hochspannungsgleichrichters [98]. Hochsperrende Gleichrichterdioden haben nach

[69] höhere Sperrverzugszeiten als Dioden mit einer niedrigeren zulässigen Sperrspannung. Nach [100] existieren aber an die Anforderungen hohe Sperrspannungsbelastung und schnelle Schaltzeiten auf dem Basismaterial Silizium angepasste Dioden, z.B. Merged PIN/ Schottky Gleichrichter (MPS), self adapting P-Emitter Efficiency Diodes (SPEED) und Static Shielding Diodes (SSD). Wolf [126] untersuchte verschiedene Hochspannungsdioden, mit dem Ergebnis einer Verringerung der Einschalt- bzw. Leitverluste bei einer Reihenschaltung von Dioden mit einer niedrigen Spannungsfestigkeit. Eine prinzipielle Schwierigkeit bei der Reihenschaltung von Gleichrichterdioden, bestehend aus Silizium und Siliziumkarbid [60], liegt in der potentiell ungleichmäßigen Spannungsaufteilung zwischen den Einzeldioden. Bei der Belastung mit reiner Gleichspannung können die Dioden vereinfacht als sehr hochohmiger Spannungsteiler aufgefasst werden. Die Spannungsaufteilung wird durch die Beschaffenheit der Sperrschichten bestimmt. Bei gleicher Spannungsbelastung der Dioden variieren die Sperrströme sowohl mit den Sperrschichttemperaturen als auch aufgrund von Exemplarstreuungen. Der in der Reihenschaltung auftretende gemeinsame Sperrstrom bewirkt demzufolge eine Ungleichverteilung der Spannung. Bei einer Wechselspannungsbelastung wird die Aufteilung zusätzlich durch die spannungsabhängigen Sperrschichtkapazitäten bestimmt. Die Diode mit der geringsten Kapazität erfährt die größte dynamische Spannungsbeanspruchung. Für eine Symmetrierung der Spannungen können parallel zu den Dioden angeordnete RC-Elemente verwendet werden, mit einem Widerstandswert unterhalb der Sperrwiderstände und einem Kapazitätswert oberhalb der Sperrschichtkapazität [60]. Diese Maßnahme vergrößert das Bauvolumen und verringert den Wirkungsgrad der Kaskadenschaltung. Sie ist nicht erforderlich, wenn die eingesetzten Dioden eine kurzzeitige Überspannung mit einem Durchbruch der Sperrschicht ohne bleibende Beschädigung vertragen. Bestimmte Dioden [69] besitzen eine vom Hersteller garantierte Energieaufnahmefähigkeit für den Sperrschichtdurchbruch und sind daher sehr gut für die Anwendung in Hochspannungssystemen geeignet. Die Entwicklung des alternativen Chipmaterials Siliziumkarbid zeigt auch Erfolge in der Hochspannungstechnik. Shenai [109] vergleicht hochspannungsfeste pin-Dioden aus Siliziumkarbid und Silizium, wobei die Siliziumkarbid-Diode eine wesentlich kleinere Sperrverzugszeit aufweist und damit eine geringere Ausschaltverlustleistung [72]. Aktuelle Entwicklungen zeigen Siliziumkarbid-Dioden mit einer Sperrspannungsfestigkeit von 10 kV, einer sehr kurzen Sperrverzugszeit

und einem Durchlassstrom von 20 A [122]. Eine Gemeinsamkeit der hochspannungs-festen Dioden, bestehend aus Silizium oder Siliziumkarbid, ist der hohe Fluss-spannungsabfall und die damit in Zusammenhang stehenden Durchlassverluste [109]. Hinsichtlich der Entwärmung bieten in Reihe geschaltete einzelne Dioden mit einer niedrigen Sperrspannungsfestigkeit den Vorteil einer verteilten Verlustleistung, haben aber einen erhöhten Platzbedarf.

Nach Abschnitt 3.1 trägt immer nur ein Diodenstrang D_i oder D_{i*} den auf die Sekundärseite des Hochspannungstransformators bezogen Resonanzstrom. Die Kommutierung des Stromes von Strang D_i bzw. D_{i*} auf D_{i+1} bzw. D_{i*+1}, d.h. der Wechsel vom Durchlassbetrieb in den stromlosen Betrieb bzw. in den Sperrzustand, erfolgt dabei mit einer sehr niedrigen Sperrspannung (Abbildung 3-9).

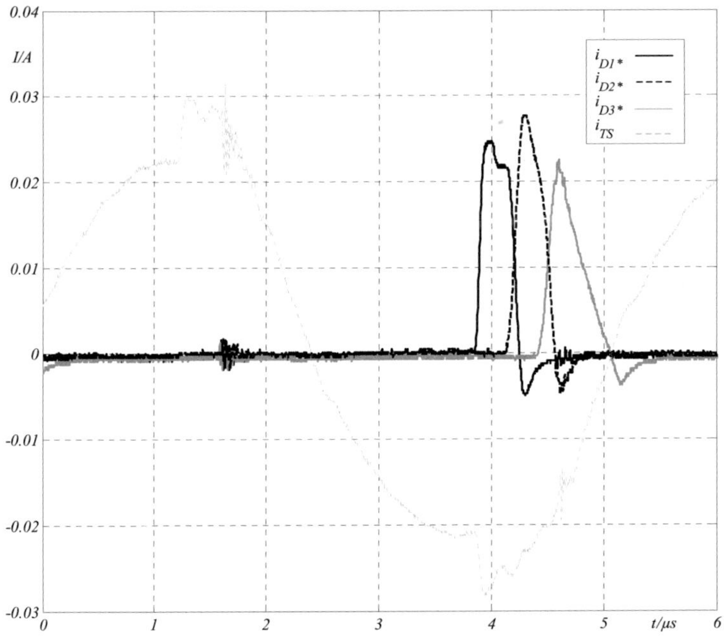

Abbildung 3-9: Gemessene Stromverläufe einer 3 stufigen Greinacher-Kaskadenschaltung.

Davon ausgenommen sind nur die Dioden D_n und D_{n*}. Dabei müssen die in den Dioden gespeicherten Ladungen mit Hilfe eines Stromes in Rückwärtsrichtung abgebaut werden. Das „Reverse-Recovery-Verhalten" der Dioden charakterisiert den zeitlichen Verlauf des Stromes [69]. Die Kommutierungsgeschwindigkeit des Stromes von einem Diodenzweig auf den nächsten wird durch die Änderungen der treibenden Spannung u_{ST} und den Spannungen über den am jeweiligen Stromkreis beteiligten Kondensatoren bestimmt. Die Diode D_{i+1} bzw. D_{i+1*} trägt dabei den Rückstrom der Diode D_i bzw. D_{i*}. Es entstehen zusätzliche Leitverluste, die bei der Dimensionierung beachtet werden müssen. Sobald der Strom durch die Dioden D_{n*} bzw. D_n den Wert Null erreicht, versucht die Kaskade Spannung aufzunehmen. Aufgrund des hohen Gradienten der Transformatorspannung kommt es zu einer erhöhten Kommutierungsgeschwindigkeit der Diodenströme i_{Dn} bzw. i_{Dn*}. Unmittelbar vor dem Erreichen des maximalen Rückstroms beginnt die Kaskade Spannung aufzunehmen. In diesem Fall verursachen die Dioden D_n und D_{n*} eine Verlustleistung beim Ausschalten.

Die Einschaltverlustleistung der Dioden beträgt bei einem nach Abbildung 3-9 maximalen Gradienten der Diodenströme von 4 A/µs nur wenige Prozent ihrer Verlustbilanz [69]. Die während einer Periodendauer in eine Diode eingeprägte Leistung lässt sich folgendermaßen abschätzen. Bei gegebener Leitdauer θ des Gleichrichters und der Annahme eines sinusförmigen Resonanzstromes i_{RES} bestimmt sich der Mittelwert des Kaskadeneingangsstromes während θ wie folgt:

$$I_\theta = \frac{1}{\theta \cdot \ddot{u}_T} \int_{\pi-\theta}^{\theta} \hat{I}_{RES} \cdot \sin(\vartheta)\, d\vartheta \qquad \text{bzw.}$$

$$I_\theta = \frac{\hat{I}_{RES}}{\theta \cdot \ddot{u}_T} \cdot \left(1 - \cos(\theta)\right) . \tag{3.54}$$

Dabei ist $\ddot{u}_T$ das Übersetzungsverhältnis des Hochspannungstransformators. Die Stromzeitflächen der einzelnen Diodenstränge sind gleich. Bei einer n-stufigen Kaskade, betragen nun die auf eine Periode bezogenen Durchlassverluste der Dioden

$$P_V = \frac{\theta}{2n \cdot \pi}\left(U_{T0} \cdot I_\theta + r_d \cdot I_\theta^2\right) \tag{3.55}$$

bzw.

$$P_V = \frac{\left(1-\cos(\theta)\right)}{2n \cdot \ddot{u}_T \cdot \pi}\left(U_{T0} + r_d \cdot \frac{\hat{I}_R}{\theta \cdot n_t}\left(1 - \cos(\theta)\right)\right), \tag{3.56}$$

wobei r_d der differentielle Widerstand der Diode ist und U_{T0} deren Schleusenspannung. Nach Abbildung 3-9 beträgt die Leitdauer der Dioden nur einen Bruchteil der Periodendauer. Für eine Berechnung der maximalen Übertemperatur sollte daher keine auf die Periodendauer bezogene mittlere Leistung genutzt werden [108]. Unter Verwendung der thermischen Impedanz der gesamten Anordnung, dazu gehören z.B. Isolationsstoff und Basismaterial, lässt sich mit Hilfe der eingeprägten Energie

$$E_V = \frac{\theta}{n} \cdot \left(U_{T0} \cdot I_\theta + r_d \cdot I_\theta^2 \right) \tag{3.57}$$

die maximale Sperrschichttemperatur abschätzen [108]. Die Ausschaltverlustleistung der Dioden D_n und D_{n*} ist bei deren Leistungsbetrachtung mit einzubeziehen. Die Abbildung 3-9 zeigt, dass auch während der Sperrphase der Kaskade ein Strom fließt. Dieser resultiert aus dem Umladen der parasitären Kapazitäten der Kaskade.

3.4 Isolationsstoffe

Eine Reduzierung der Baugröße der Spannungsvervielfacherschaltung lässt sich neben einer Erhöhung der Frequenz der treibenden Spannung auch durch eine Verringerung der Abstände der Bauelemente untereinander oder zum Gehäuse erreichen. Dabei bedarf es des Einsatzes eines den elektrischen und geometrischen Parametern entsprechend spezifizierten Isolationsmediums [85]. Nach [98] erfolgt bei Ausgangsspannungen von weniger als 10 kV die Montage der Bauelemente der Greinacher-Kaskadenschaltung auf isolierte Kühlkörper, die in das System der Zwangskühlung eingebunden sind. Für höhere Spannungen werden die Bauelemente der Vervielfacherschaltung mit einer Vergussmasse umhüllt. Damit lässt sich der Einsatz von Öl- oder Schutzgastanks vermeiden. Der Verdrahtungsträger bzw. die Vergussmasse sind hoch isolierende Werkstoffe, die außerdem für eine Wärmeabfuhr vom Hochspannungsgleichrichter zu einem sich auf Erdpotential befindlichen Kühlsystem sorgen. Es existiert eine Vielzahl von Isolationsstoffen [82], wobei sich im Rahmen dieser Arbeit die Betrachtung hinsichtlich der Eignung für einen Kaskadenaufbau beschränkt. Die Materialien sind einzuteilen in feste Isoliermaterialien, die gleichzeitig als Bauelementeträger dienen können und solche, die während der Verarbeitung fliesfähig sind und der Umhüllung dienen (Tabelle 3-1) [98].

Tabelle 3-1: Feste Isolationsmaterialien und Vergussmassen bzw. Lacke.

Vergussmassen, Lacke	**Feste Isolationsmaterialien**
• Silikonkautschuk	• Keramik (Al_2O_3, AlN)
• Epoxidharz	• FR4 o.ä. (Glasfaserverstärktes Epoxidharz)
• Polyurethanharz	
• Isolierlacke	

Isolierlacke können nur in dünnen Schichten aufgetragen werden. Sie werden vorwiegend bei Spannungen von weniger als 10 kV verwendet, wenn durch die kompakte Bauweise die Isolationsstrecken für die Luftisolation nicht mehr ausreichen. Vergussmassen werden meist in flüssiger Form in die zu isolierenden Räume gegeben. Um ein hundertprozentiges Eindringen zu sichern, ist ein Vergießen im Vakuum notwendig, damit sich keine Luftblasen bzw. Hohlräume bilden, die im Betrieb eine Entladung und damit einen vorzeitigen Durchschlag verursachen können [82].

Silikonkautschuk ist sehr temperaturfest und wasserabweisend. Nach [82] werden Silikonkautschuke vorwiegend aufgrund der Schwerentflammbarkeit sowie ihrer guten Isoliereigenschaften in einem breiten Temperatur- und Frequenzbereich, wegen des hohen Preises aber nur bei hochwertigen Produkten eingesetzt. Die Haftwirkung dieser Materialien auf glatten Oberflächen ist oftmals schlecht, so dass die Gefahr der Grenzschichtbildung besteht. Die Spannungsfestigkeit liegt über 30 kV/mm und ihre Wärmeleitfähigkeit zwischen 0,25 W/mK und 1 W/mK [85].

Epoxidharze kommen aufgrund spezieller Füllstoffe auch im Kaskadenaufbau zum Einsatz. Im Vergleich mit Silikonkautschuk sind sie härter und spröder. Bei Temperaturwechseln zwischen Betrieb und Betriebspause können unzulässig hohe Scherkräfte bzw. innere Spannungen auftreten. Nach [82] werden konventionelle Epoxidharz-Formmassen für Hochspannungsschalter, zum Verguss von Strom- und Spannungswandlern sowie von Wicklungen und Kleinmotoren verwendet. Die Spannungsfestigkeit ist größer als 17 kV/mm und ihre Wärmeleitfähigkeit beträgt 0,2 W/mK [85].

Polyuhrethanharze werden aus Isocyanaten und Polyhydroxylverbindungen hergestellt [85]. Neben den niedrigen Materialkosten zeichnen sie sich durch geringe Schwindung, geringe Wasseraufnahme, gute Haftung auf allen Werkstoffen und damit durch gute Füllstoffaufnahme aus. Sie haben eine gute Fließfähigkeit. Die

Viskosität ist entweder sehr niedrig oder lässt sich durch Erwärmen senken. Bei großen Vergussmengen ist die Schrumpfung während des Aushärtens zu beachten [98]. Es werden Spannungsfestigkeiten von mehr als 18 kV/mm angegeben und Wärmeleitfähigkeiten von 0,65 W/mK [82].

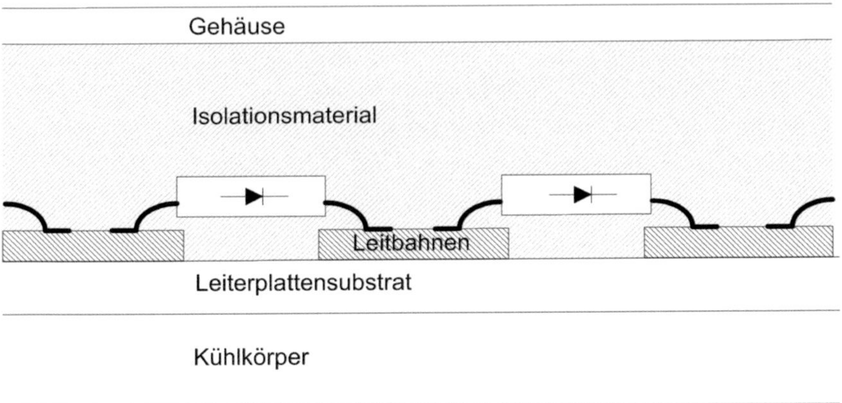

Abbildung 3-10: Querschnitt eines Ausschnitts einer Vervielfacherschaltung.

Nach Abbildung 3-10 erfolgt die Entwärmung der Bauelemente der Greinacher-Kaskadenschaltung durch das Isolationsmaterial bzw. das Leiterplattenmaterial. Unter der Annahme eines eindimensionalen Wärmeflusses wird der thermische Widerstand eines Materials wie folgt angegeben:

$$R_{th} = \frac{l}{\lambda A}, \tag{3.58}$$

wobei l die Länge des Wärmepfades ist, A die Wärmekontaktfläche und λ die thermische Leitfähigkeit des Materials. Mit Gleichung (3.58) lässt sich näherungsweise zeigen, dass sich der thermische Widerstand auch bei Materialien mit einer schlechten Wärmeleitfähigkeit durch Verkleinerung des Wärmepfades oder Vergrößerung der Wärmekontaktfläche reduzieren lässt. Damit existieren Möglichkeiten, bei dem aus glasfaserverstärkten Epoxidharz bestehenden dominierenden Leiterplattenmaterial in der Flachbaugruppenfertigung [101], mit einer Wärmeleitfähigkeit von nur 0,2 W/mK, den thermischen Widerstand zu verringern. Stand der Technik in der Niederspannungstechnik sind außerdem der Einsatz von thermischen Durchkontaktierungen, Verdrahtungsträgern mit Metallkernen sowie die Integration von Metallen im Substratmaterial [75]. Aus isolationstechnischen Gründen beschränken sich die Möglichkeiten der Verringerung des thermischen Widerstandes in der Hochspannungstechnik auf die Anpassung:

- der Größe der Pads der Bauelemente,
- der Weite der Leitbahnen sowie
- der Dicke des Verdrahtungsträgers.

Eine Vergrößerung der Wärmekontaktfläche führt zu einer Erhöhung der parasitären Kapazität der Spannungsvervielfacherschaltung. Bei einer Dicke des Substratmaterials von 1 mm können Betriebsspannungen bis zu 16 kV und bei 2 mm bis 40 kV zugelassen werden. Der Einsatz des glasfaserverstärkten Epoxidharzes als Leiterplattenmaterial ist auf Ausgangsleistungen unter 1 kW beschränkt [98]. Für Leistungen über 1 kW, für die auch höhere Preise gerechtfertigt sind, bieten alternative Leiterplattenwerkstoffe mit besseren thermischen Eigenschaften ausgezeichnete Einsatzmöglichkeiten. Moderne Keramikwerkstoffe stehen mit unterschiedlichen Eigenschaften zur Verfügung. An dieser Stelle sei die Betrachtung auf die beiden gängigsten Materialien (Aluminiumoxid und Aluminiumnitrid) begrenzt. Weitere Materialien werden ausführlich in [82, 14] behandelt.

Aluminiumoxid, Al_2O_3, mit einer Wärmeleitfähigkeit von 24 W/mK, ist das auf Grund der Verfügbarkeit, relativ niedriger Kosten und stabiler physikalischer Eigenschaften am häufigsten eingesetzte Material [58]. Dieses dicht gesinterte Aluminiumoxid zeichnet sich durch hohe Festigkeit und Härte, Temperaturstabilität sowie durch eine hohe Verschleißbeständigkeit und Korrosionsbeständigkeit aus. Im Einsatz haben sich derartige synthetisch hergestellte Werkstoffe mit Aluminiumoxidgehalten von mehr als 80% bewährt. Die Auswahl des Werkstoffs wird von technischen und wirtschaftlichen Kriterien bestimmt. Ein Werkstoff mit höherem Aluminiumoxidgehalt muss aber nicht zwangsläufig die gestellten anwendungstechnischen Forderungen am besten erfüllen. Ebenso können sich die mechanischen Eigenschaften von Aluminiumoxiden unterschiedlicher Hersteller bei gleichem Aluminiumoxidgehalt wegen differierender Pulverrezepturen unterscheiden [14, 58].

Aluminiumnitrid, AlN, besitzt eine sehr hohe thermische Leitfähigkeit von 180 W/mK. Kombiniert mit der guten elektrischen Isolierfähigkeit, eignet sich Aluminiumnitrid hervorragend für elektrotechnische Anwendungen. Hinzu kommt, dass sich Aluminiumnitridkeramik mit allen gängigen Verfahren metallisieren lässt und dadurch für Hart- oder Weichlöten vorbereitet werden kann. Da die Temperaturausdehnung von Aluminiumnitrid mit der von Silizium vergleichbar ist, bleiben mechanische

Spannungen zwischen diesen beiden Werkstoffen besonders klein [101]. Dieser Keramikwerkstoff wird daher bevorzugt als Substrat für Halbleiterbauelemente sowie für Leistungselektronikmodule eingesetzt.

Für das Aufbringen von Leitbahnen auf den alternativen Leiterplattenmaterialien existieren verschiedene Technologien. Bei Applikationen mit einer sehr hohen Stromdichte wird das DCB (direct copper bonding) bzw. DBC (direct bonded copper) eingesetzt. In einem Hochtemperatur-Oxidationsprozess wird eine Kupferschicht variabler Dicke auf mindestens eine Seite einer technischen Keramik gebondet [50]. Diese Technologie ist auf einfache Leitbahnstrukturen begrenzt [75]. Beim Aufbringen des Kupfers auf die Keramik entstehen Lunker [26]. Die unter dem Einfluss hoher Spannungen in den Hohlräumen hervorgerufenen Teilentladungen erodieren das Leiterplattenmaterial. Bei niedrigen Stromdichten lässt sich die Dickschichttechnologie einsetzen. Mit Hilfe eines Siebdruckverfahrens werden die Leitbahnen aufgedruckt. Als Druckmaterialien stehen u.a. Silberplatin- und Goldpasten zur Verfügung [14].

Herstellerabhängig werden die Durchbruchfeldstärken von technischen Keramiken mit maximal 25 kV/mm für Dicken bis zu 2 mm spezifiziert [78, 19]. Im Rahmen eines Hochspannungstests mit einer 5 mm dicken Aluminiumoxid Keramik wurde gezeigt, dass die Durchbruchfeldstärke mit zunehmender Dicke der Keramik abnimmt. Testbedingungen, Ergebnisse sowie diesbezüglich erste Druck- und Bestückungstests sind im Anhang (A) beschrieben.

4 Betriebsverhalten des Klasse-D-Wandlers

Gegenstand dieses Kapitels sind Untersuchungen des stationären und dynamischen Verhaltens der nach Abschnitt 2.2.3 favorisierten, in Abbildung 4-1 dargestellten Zweischaltertopologie. Für Resonanzwandlerstrukturen mit Reihen-, Parallel- und Reihenparallelresonanzkreis und kapazitivem Ausgangsfilter existieren verschiedene Ansätze zur Analyse des stationären Zustands bzw. zur Dimensionierung der Resonanzkreiselemente. Diese werden im folgenden Abschnitt vorgestellt. Die Auslegung der Resonanzkreiselemente der in Abbildung 4-1 dargestellten Wandlerstruktur und die Dimensionierung der Spannungsvervielfacherschaltung sind weiterhin Bestandteil dieses Abschnitts und erfolgen auf einer der Grundschwingungsanalyse basierenden Entwurfsmethode.

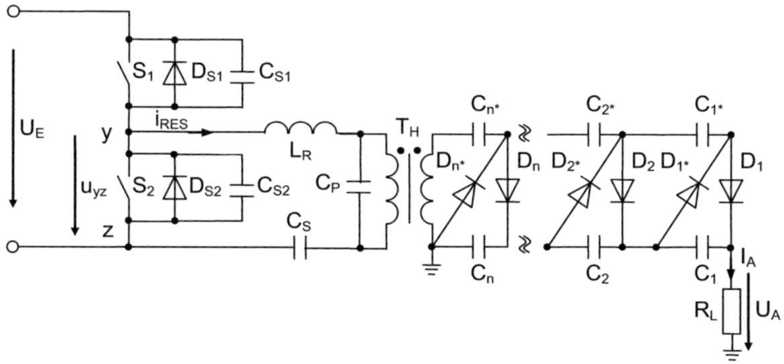

Abbildung 4-1: Klasse-D-Wandler mit Reihenparallelresonanzkreis, Hochspannungstransformator und Greinacher-Kaskadenschaltung.

Für die Untersuchung des dynamischen Verhaltens werden mehrere geeignete Beschreibungsmethoden für resonant schaltende Topologien im zweiten Teil dieses Kapitels aufgeführt und miteinander verglichen. Im Abschnitt 3.2.2 wurde gezeigt, dass sich das dynamische Verhalten der Greinacher-Kaskadenschaltung durch eine Verstärkung und einen Tiefpass erster Ordnung modellieren lässt. Basierend auf der verallgemeinerten Zustandsraummittelwertbildung, wird das analytische Modell eines Wandlers mit Reihenparallelresonanzkreis und kapazitivem Ausgangsfilter um das vereinfachte Modell der Spannungsvervielfacherschaltung erweitert. Damit lässt sich ein analytisches Modell der in Abbildung 4-1 dargestellten Wandlerstruktur ableiten.

4.1 Stationäres Verhalten des Klasse-D-Wandlers

Neben der Lösung der Differentialgleichungssysteme für jeden Schaltzustand des Wechselrichters existiert eine Vielzahl weiterer Techniken der Analyse des stationären Zustands resonant schaltender Wandler. Bei dem Verfahren nach [12] werden für jeden Betriebszustand des Wandlers die zugehörigen Zustandsgleichungen aufgestellt. Diese werden in einem nächsten Schritt normiert. Die erhaltenen größenfreien Gleichungssysteme bieten die Möglichkeit mehrere Wandlertopologien während des Entwurfsprozesses miteinander zu vergleichen. In Schmidt [103] werden weitere geeignete Verfahren für die Untersuchung des eingeschwungenen Zustands von Parallelresonanzkreiswandlern mit kapazitivem Ausgangsfilter vorgestellt und miteinander verglichen. Eine Methode, die Berechnung resonant schaltender Wandler zu vereinfachen und das Schwingungsverhalten des Resonanzkreises mit Hilfe geometrischer Figuren zu verdeutlichen, ist die Anwendung der „State Plane Analysis“ [87, 88]. Eine Normierung der Zustandsgrößen des Resonanzkreises führt zu aus Kreisen und Linien bestehenden Trajektorien in der Zustandsebene. Die Schnittpunkte der Kreise und der Linien zeigen den Wechsel der Schaltzustände des Wechselrichters. Nach Oruganti [87] lässt sich durch eine Analyse der geometrischen Beziehungen ein Dimensionierungs-verfahren für die Resonanzkreiselemente ableiten. Andere Ansätze nutzen die Fourierreihenentwicklung [9, 52]. Neben den Strömen und Spannungen des Resonanzkreises wird auch die Wechselrichterausgangsspannung in ihre harmonischen Anteile zerlegt. Es erfolgt die Untersuchung einer kompletten Schaltperiode. Dabei werden die einzelnen Betriebszustände des Wandlers nicht separat betrachtet. Steigerwald [113] vereinfacht diesen Ansatz und präsentiert ein auf der Grundschwingung basierendes Analyseverfahren. Eine Voraussetzung dieses Verfahrens ist ein kontinuierlicher Stromfluss im Gleichrichter. Bei Parallel- und Reihenparallelresonanzwandlern mit kapazitivem Ausgangsfilter ist dies eine grobe Näherung [114, 55, 10]. Ivensky [48] erweitert den Ansatz nach Steigerwald [113] und ersetzt den Gleichrichter, den Ausgangskondensator und den Lastwiderstand durch eine Ersatzschaltung. Diese besteht aus einem äquivalenten Kondensator und einem angepassten Widerstand. Nach Schmidt [103] ist das Verfahren der erweiterten Grundschwingungsanalyse nach Ivensky [48] ein guter Kompromiss zwischen dem mathematischen Aufwand der Berechnungen und der

Genauigkeit der Ergebnisse. Cavalcante [16] fügt dem Ansatz nach Ivensky [48] ein variables Einschaltverhältnis der Leistungshalbleiter eines Vollbrückenwechselrichters hinzu.

4.1.1 Ableitung der Dimensionierungsgleichungen

Für den Entwurf des in Abbildung 4-1 gezeigten Resonanzwandlers erfolgte eine Erweiterung der Verfahren von Cavalcante [16] und Ivensky [48] unter Beachtung der Funktionalität des asymmetrisch geschalteten Klasse-D-Wechselrichters und der Spannungsvervielfacherschaltung (Greinacher-Kaskadenschaltung) [97]. Für die Ableitung dieses Verfahrens werden die folgenden Annahmen getroffen:

- Das Schaltverhalten des Wechselrichters wird maßgeblich durch den Resonanzkreis und weniger durch das Leistungsschaltermodell bestimmt [43]. Damit können die Leistungshalbleiter als ideale Schalter mit einer idealen antiparallelen Diode modelliert werden. Ihre parasitären Kapazitäten werden vernachlässigt. Alle anderen Bauelemente des Resonanzwandlers nach Abbildung 4-1 sind ideal.
- Der Resonanzstrom i_{RES} ist sinusförmig.
- Die Summe der Kapazitäten der Spannungsvervielfacherschaltung ist viel größer als die auf die Sekundärseite des Hochspannungstransformators bezogene Kapazität C_P.
- Der Wandler arbeitet in einem nicht lückenden Betrieb.

Ein Ersatzschaltbild des Resonanzwandlers mit angeschlossener Greinacher-Kaskadenschaltung wird in Abbildung 4-2 gezeigt.

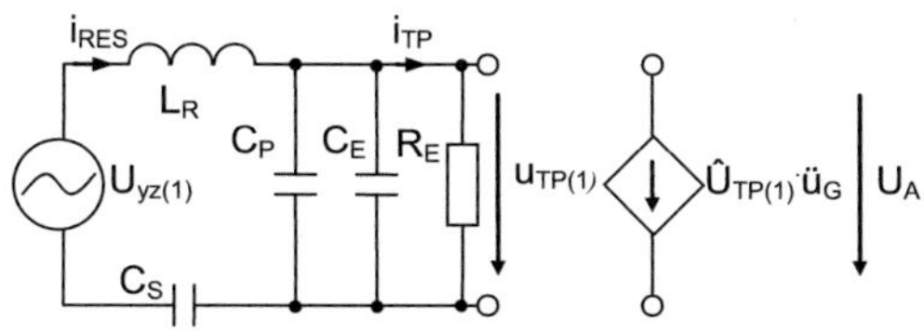

Abbildung 4-2: Ersatzschaltbild des Resonanzwandlers mit angeschlossener Greinacher-Kaskadenschaltung.

Entsprechend [48] und [97] sind die Elemente in Abbildung 4-2 folgendermaßen definiert:

$$R_E = R_L \frac{k_v^2}{2 \cdot \ddot{u}_G^2} . \tag{4.1}$$

Der Parameter k_V,

$$k_v = 1 + 0,27 \sin\left(\frac{\theta}{2}\right), \tag{4.2}$$

ist ein Spannungskoeffizient, der den Zusammenhang zwischen der auf die Primärseite bezogenen Ausgangsspannung und der Grundschwingung der Transformatorspannung definiert. Der Winkel θ korrespondiert mit der Leitdauer der Greinacher-Kaskadenschaltung und ergibt sich nach [48]:

$$\theta = 2 \arctan \sqrt{\frac{\pi \ddot{u}_G^2}{2 \omega_s C_P R_L}} . \tag{4.3}$$

Der Parameter $\ddot{u}_G$ definiert das Produkt zwischen dem Übersetzungsverhältnis des Hochspannungstransformators $\ddot{u}_T$ und der Greinacher-Kaskadenschaltung $\ddot{u}_K$, (Abschnitt 3.1 Gleichung (3.21)). Für die Ersatzkapazität gilt nach [48]:

$$C_E = \frac{2 \ddot{u}_G^2}{\omega_s R_L k_v^2} \cdot \tan|\beta| . \tag{4.4}$$

Der Parameter β definiert den Winkel zwischen den Grundschwingungen der primärseitigen Transformatorspannung $u_{TP(1)}$ und dem Transformatorstrom $i_{TP(1)}$ und wird nach [48] bestimmt:

$$\beta = -0,44 \cdot \sin\theta . \tag{4.5}$$

Die komplexe Übertragungsfunktion, die den Zusammenhang zwischen der Grundschwingung der Wechselrichterausgangsspannung und der Grundschwingung der Transformatorspannung beschreibt, lässt sich nach Abbildung 4-2 mit dem Ansatz

$$\frac{\underline{U}_{TP(1)}}{\underline{U}_{YZ(1)}} = \frac{R_E}{\left(j\omega_S R_E \left(C_P + C_E\right) + 1\right) \cdot \left(j\omega_S L_R + \frac{1}{j\omega_S C_S} + \frac{R_E}{j\omega_S R_E \left(C_P + C_S\right) + 1}\right)} \tag{4.6}$$

berechnen:

$$\frac{\underline{U}_{TP(1)}}{\underline{U}_{YZ(1)}} = \frac{1-\frac{C_P}{C_S}\left(\left(\frac{\omega_S}{\omega_{0K}}\right)^2-1\right)\left(1+\frac{\tan|\beta|}{\omega_S C_P R_E}\right)-\frac{j}{\omega_S C_P R_E}\frac{C_P}{C_S}\left(\left(\frac{\omega_S}{\omega_{0K}}\right)^2-1\right)}{\left[1-\frac{C_P}{C_S}\left(\left(\frac{\omega_S}{\omega_{0K}}\right)^2-1\right)\left(1+\frac{\tan|\beta|}{\omega_S C_P R_E}\right)\right]^2+\left[\frac{C_P}{C_S}\left(\left(\frac{\omega_S}{\omega_{0K}}\right)^2-1\right)\cdot\frac{1}{\omega_S C_P R_E}\right]^2}. \tag{4.7}$$

Dabei ist

$$\omega_{0K} = \frac{1}{\sqrt{L_R C_S}}. \tag{4.8}$$

Der Zusammenhang zwischen der Eingangsspannung U_E und der Amplitude der Wechselrichterausgangsspannung $\hat{U}_{yz(1)}$ wurde im Abschnitt 2.2.2 hergeleitet:

$$\hat{U}_{YZ(1)} = \frac{U_E}{\pi}\cdot\sqrt{2\left(1-\cos\left(D_T\cdot\pi\right)\right)}. \tag{4.9}$$

Nach Abbildung 4-2 lässt sich die Ausgangsspannung U_A mit Hilfe der Amplitude der Primärspannung des Hochspannungstransformators $\hat{U}_{TP(1)}$ und des Übersetzungsverhältnis $ü_K$ berechnen

$$U_A = ü_G \cdot \hat{U}_{TP(1)}. \tag{4.10}$$

Der Betrag des Spannungsübersetzungsverhältnisses eines Klasse-D-Wechselrichters mit Reihenparallelresonanzkreis, Hochspannungstransformator und Greinacher-Kaskadenschaltung kann mit den Gleichungen (4.7), (4.9) und (4.10) bestimmt werden:

$$\frac{U_A}{U_E} = \frac{\frac{ü_G}{\pi}\cdot\sqrt{2\left(1-\cos\left(D_T\cdot\pi\right)\right)}}{\sqrt{\left[1-\frac{C_P}{C_S}\left(\left(\frac{\omega_S}{\omega_{0K}}\right)^2-1\right)\left(1+\frac{\tan|\beta|}{\omega_S C_P R_E}\right)\right]^2+\left[\frac{C_P}{C_S}\left(\left(\frac{\omega_S}{\omega_{0K}}\right)^2-1\right)\cdot\frac{1}{\omega_S C_P R_E}\right]^2}}. \tag{4.11}$$

Der Winkel φ_{vor} wurde im Abschnitt 2.2.2 eingeführt. Es ist eine Vorverschiebung der Schaltsignale der Leistungshalbleiter gegenüber dem Nulldurchgang des Resonanzstromes notwendig. Einzuhaltende Totzeiten, Signallaufzeiten und die Umladevorgänge der parasitären Kapazitäten der Leistungshalbleiter erfordern diese Verschiebung um ein nahezu verlustfreies Schalten der Leistungshalbleiter zu ermöglichen [94]. Die Ableitung einer Berechnungsvorschrift für die Bestimmung des Vorverschiebungswinkels φ_{vor} ist u.a. Gegenstand von Abschnitt 5.2. Mit Hilfe von

[48, Gleichung 44], der Berücksichtigung von φ_{vor} und Gleichung (4.9) lässt sich das in Gleichung (4.11) abgeleitete Übersetzungsverhältnis anderweitig bestimmen:

$$\frac{U_A}{U_E} = \frac{\ddot{u}_G}{2} \cdot \sqrt{2\left(1-\cos\left(D_T \cdot \pi\right)\right)} \cdot \frac{\cos\left(\frac{\pi}{2} - \left(D_T \cdot \frac{\pi}{2} - \varphi_{vor}\right)\right)}{\sin^2\left(\frac{\theta}{2}\right)}. \tag{4.12}$$

Die Gleichung (4.12) weist im Gegensatz zur Gleichung (4.11) nur eine Abhängigkeit von den Parametern D_T, $\ddot{u}_G$, φ_{vor} und θ auf. Mit Hilfe der Eingangsimpedanz:

$$\underline{Z_E} = j\omega_S L_R + \frac{1}{j\omega_S C_S} + \frac{R_E}{j\omega_S R_E \left(C_P + C_E\right) + 1}, \tag{4.13}$$

des Resonanzkreises lässt sich der Winkel zwischen den Grundschwingungen der Wechselrichterausgangsspannung und des Resonanzstromes berechnen:

$$\tan\left(\varphi_{Ze(1)}\right) = \frac{1}{\omega_S C_P R_E} \cdot \frac{C_P}{C_S}\left[\left(\frac{\omega_S}{\omega_{0K}}\right)^2 \left(1 + \left(\omega_S R_E C_P + \tan|\beta|\right)^2\right) - 1\right] - \left(\omega_S R_E C_P + \tan|\beta|\right) \cdot \left[1 + \frac{C_P}{C_S} \cdot \left(1 + \frac{\tan|\beta|}{\omega_S R_E C_P}\right)\right]. \tag{4.14}$$

Der Winkel $\varphi_{Ze(1)}$ kann außerdem mit Gleichung (2.34) (Abschnitt 2.2.2) dem Tastverhältnis D_T und dem Vorverschiebungswinkel bestimmt werden:

$$\varphi_{Ze(1)} = \frac{\pi}{2} - D_T \cdot \frac{\pi}{2} + \varphi_{vor}. \tag{4.15}$$

Mit den Gleichungen (4.14) und (4.15) lässt sich das Tastverhältnis D_T direkt berechnen:

$$D_T = 1 + \frac{2}{\pi}\left[\varphi_{vor} - \arctan\left\{\frac{1}{\omega_S C_P R_E} \cdot \frac{C_P}{C_S}\left[\left(\frac{\omega_S}{\omega_{0K}}\right)^2 \left(1 + \left(\omega_S R_E C_P + \tan|\beta|\right)^2\right) - 1\right] - \left(\omega_S R_E C_P + \tan|\beta|\right) \cdot \left[1 + \frac{C_P}{C_S} \cdot \left(1 + \frac{\tan|\beta|}{\omega_S R_E C_P}\right)\right]\right\}\right]. \tag{4.16}$$

4.1.2 Beschreibung einer Entwurfsmethode

Der Entwurf von leistungselektronischen Systemen erfordert die Anwendung von Fachwissen aus unterschiedlichen Bereichen (elektrisch, mechanisch, thermisch). Um dieses Designproblem zu vereinfachen, definieren traditionelle Entwurfsmethoden eine Teilmenge von Designvariablen und führen Vereinfachungen basierend auf dem Verständnis bzw. der Erfahrung des Entwicklers ein. Mit diesen Annahmen lässt sich ein erster Demonstrator in annehmbarer Zeit entwickeln. Mehrere Iterationen sind i.A. notwendig, um alle Entwurfsvorgaben und Beschränkungen zu erfüllen [20]. Demgegenüber ermöglichen mathematische Methoden eine logische und methodische Herangehensweise an die Designaufgabe. Das Ziel eines optimierten Entwurfsprozesses ist eine Zielfunktion durch eine Variation der Designvariablen und unter Einbeziehung von Randbedingungen und Entwurfsvorgaben zu minimieren bzw. zu maximieren [15]. Die Entwurfsvorgaben entsprechen bei leistungselektronischen Anwendungen u.a. der Festlegung der elektrischen Eingangs- und Ausgangsgrößen. Randbedingungen beinhalten u.a. die Einhaltung gängiger Normen, eine Beschränkung hinsichtlich der zu verwendeten Materialien, der Größe des Gerätes sowie eine Festlegung der zu erwartenden Umgebungstemperaturen. Die Implementierung eines automatischen Entwurfsalgorithmus bietet gegenüber dem traditionellen Designprozess mehrere Vorteile. Der automatische Entwurfsprozess ermöglicht eine Integration komplexer Zusammenhänge bzw. eine Berücksichtigung jeglicher Kombinationen der Designvariablen. Optimierte Entwürfe sind eher verfügbar, sobald das Optimierungsproblem formuliert, ein das System beschreibendes Gleichungssystem implementiert und eine Komponentenliste aufgestellt ist. Ein wesentlicher Nachteil des automatischen Designprozesses ist der zusätzliche Zeitaufwand, der für die Ableitung der analytischen Modelle des Systems, einer Erstellung der Komponentenliste und der Implementierung des automatischen Entwurfsalgorithmus benötigt wird. Ausgehend von den Vor- und Nachteilen des optimierten Designprozesses folgt, dass die Anwendung automatischer Optimierungsverfahren für Applikationen mit einer hohen Stückzahl und Anwendungen mit vielen Randbedingungen bzw. Beschränkungen kosteneffizient ist [15]. Im Rahmen dieser Arbeit wird daher auf die Erstellung eines vollautomatischen Designwerkzeuges verzichtet.

Die Vorgaben des Entwurfes werden definiert:

- variable Ausgangsspannung 0…20 kV,
- variable Ausgangsleistung 0…800 W,
- variabler Ausgangsstrom 0…40 mA,
- Eingangsspannung 360 V…380 V,
- Welligkeit der Ausgangsspannung <200 V,

- Schaltfrequenz im Arbeitspunkt 200 kHz, sowie
- Wirkungsgrad im Nennarbeitspunkt >90%.

Folgende Randbedingungen sind zu erfüllen:

- Ölfreie Spannungsvervielfacherschaltung, (Kapitel 3),
- Begrenzung der maximalen Schaltfrequenz auf 500 kHz aufgrund der geringeren Komplexität der Gate-Ansteuerungen [17],
- Begrenzung der Ausgangsspannung des Hochspannungstransformators auf maximal 4 kV, da:
    - aus technologischen und thermischen Gründen ein Verguss dieses Bauteils vermieden werden sollte,
    - auf die Anwendung kostenintensiver Hochspannungslitze verzichtet werden kann sowie
    - bei einer Spannungsbelastung der Bauelemente (der Greinacher-kaskadenschaltung) von bis zu $2 \cdot \hat{U}_{TS}$ gut verfügbare 8 kV-Hochspannungskondensatoren eingesetzt werden können [30].

Der Entwurfsprozess beginnt mit der Dimensionierung der Greinacher-Kaskadenschaltung. Das Übersetzungsverhältnis $\ddot{u}_k$ und die parasitäre Kapazität C_{PK} der Kaskade sind abhängig von der Stufenanzahl n. Unter der Annahme, dass jede Stufe die gleiche parasitäre Kapazität C_{PN} besitzt, lässt sich die Summe der parasitären Kapazitäten C_{PK} der Kaskade berechnen:

$$C_{PK} = n \cdot C_{PN} \,. \tag{4.17}$$

Diese Kapazität wird durch den konstruktiven Aufbau der Spannungsvervielfacherschaltung und die Materialparameter, z.B. der Umhüllung und des Verdrahtungsträgers, beeinflusst. Für die kapazitive Belastung des Resonanzwandlers gilt:

$$C_P = \ddot{u}_T^2 \cdot \left(C_{PT} + n \cdot C_{PN} \right), \tag{4.18}$$

wobei C_{PT} die Wicklungskapazität des Hochspannungstransformators ist. Vernachlässigt man den Innenwiderstand R_K der Greinacher-Kaskadenschaltung, lässt sich das Übersetzungsverhältnis der Ausgangsspannung U_A zur Amplitude der Primärspannung des Hochspannungstransformators $\hat{U}_{TP}$ bestimmen:

$$\frac{U_A}{\hat{U}_{PT}} = \ddot{u}_G = 2n \cdot \ddot{u}_T \,. \tag{4.19}$$

Eingesetzt in Gleichung (4.18) folgt

$$C_P = \frac{\ddot{u}_G^2}{4}\left(\frac{C_{PT}}{n^2} + \frac{C_{PN}}{n}\right). \tag{4.20}$$

Je größer die Stufenanzahl der Kaskadenschaltung, desto kleiner ist das Übersetzungsverhältnis des Hochspannungstransformators. In Folge dessen nimmt die kapazitive Belastung des Resonanzwandlers ab [38]. Mit zunehmender Stufenanzahl sinkt die auf die Stufe bezogene Sperrspannungslastung. Für eine vergleichbare Welligkeit der Ausgangsspannung δ_{UA} erhöht sich die installierte Kapazität, vgl. Gleichung (3.5),

$$\delta_{UA} = \sum_{i=1}^{n} \delta_{UI} = \frac{I_A}{2f} \cdot \left(\frac{1}{C_1} + \frac{2}{C_2} + \frac{3}{C_3} + \ldots + \frac{n}{C_n}\right).$$

Eine gleiche Spannungsbelastung der Kondensatoren wird durch Stufung der Kapazitäten nach Gleichung (3.5) erreicht. In der Praxis sind aber nur bestimmte diskrete Kapazitätswerte erhältlich. Daher ist eine allgemeine Aussage über den Zusammenhang zwischen Baugröße, Stufenanzahl, Innenwiderstand und kapazitiver Belastung des Resonanzwandlers nicht möglich. Unter Berücksichtigung der Begrenzung der Ausgangsspannung des Hochspannungstransformators auf maximal 4 kV und der Vernachlässigung des Innenwiderstandes der Kaskade lassen sich mit

$$\ddot{u}_K = 2n = \frac{U_A}{\hat{U}_{TS}}, \tag{4.21}$$

Startwerte für das Übersetzungsverhältnis $\ddot{u}_K$ und die Stufenanzahl n festlegen. Nach Gleichung (4.21) wurde die Stufenanzahl mit

$$\boldsymbol{n = 3}$$

gewählt. Mit einer nach Gleichung (3.5) verteilten Kapazität ergeben sich folgende verfügbare Werte

$$\boldsymbol{C_1 = C_{1*} = 1{,}5\ \mathrm{nF},\ C_2 = C_{2*} = 3{,}3\ \mathrm{nF},\ C_3 = C_{3*} = 4{,}7\ \mathrm{nF}.}$$

Das dazugehörige Übersetzungsverhältnis der Greinacher-Kaskade und die Amplitude der Transformatorausgangsspannung lassen sich mit Gleichung (3.21) berechnen:

$$\frac{U_A}{\hat{U}_{TS}} = \ddot{u}_K = \frac{2n}{1+\frac{R_K}{R_L}} = 5{,}7,$$

$$\hat{U}_{TS} = 3{,}5\ kV.$$

Bei Kenntnis der Abmaße aller Bauelemente, der Anordnung der Leitbahnen und sämtlicher Materialkonstanten (Verdrahtungsträger und Umhüllung) lässt sich die parasitäre Kapazität C_{PK} bzw. C_{PN} mit einem dreidimensionalen finite Elementeverfahren abschätzen. Mit Hilfe eines Gerätes zur Impedanzmessung kann die parasitäre Kapazität gemessen werden. Die Bestimmung der Wicklungskapazität C_{PT} des Hochspannungstransformators erweist sich in diesem Stadium des Dimensionierungsprozesses als aufwendig. Sie ist unter anderem abhängig von:

- der Bauform des Transformators,
- der Anzahl der Windungen,
- der Anzahl der Wicklungslagen sowie
- der Gestaltung der den Transformator umgebenden Flächen.

Eine genaue Berechnung von C_{PT} ist daher nur bei Kenntnis aller dieser Parameter möglich [23].

Die Designvariablen für den Dimensionierungsprozess des Resonanzkreises sind das Tastverhältnis D_T, die Leitdauer θ und der Parameter α_C. Damit eine schnelle Reaktion des Reglers in jedem Betriebsmodus des Resonanzwandlers gewährleistet wird, sollte das Tastverhältnis D_T im Nennarbeitspunkt 80% seines maximalen Wertes nicht überschreiten. Der in Abschnitt 2.2.2 eingeführte Vorverschiebungswinkel wird mit

$$\varphi_{vor} = 25°$$

gewählt (Abschnitt 5.2). Für kleinere Werte für D_T erfolgt eine Erhöhung des Phasenwinkels zwischen $u_{YZ(1)}$ und i_{RES}. Es ergibt sich für dieselbe übertragene Leistung eine Erhöhung der Amplitude des Resonanzstromes und damit eine Erhöhung der im Resonanzkreis gespeicherten Energie [35]. Die Verluste in den parasitären resistiven Elementen der Schaltung steigen und der Wirkungsgrad des Wandlers wird reduziert [10]. Nach [48, Gleichung 3] gilt für die Berechnung der Amplitude des Resonanzstromes:

$$\hat{I}_{RES} = \frac{2U_A \cdot \omega_S \cdot C_P}{\ddot{u}_G\left(1+\cos(\theta)\right)}. \tag{4.22}$$

Bei Anwendung der Gleichungen (4.3) und (4.12) lässt sich Gleichung (4.22) umformen:

$$\hat{I}_{RES} = \frac{2U_A^2}{U_E \cdot R_L \cdot \cos\left(\frac{\pi}{2}(1-D_T)+\varphi_{vor}\right)}. \qquad (4.23)$$

Die Amplitude des Resonanzstromes weist nur eine Abhängigkeit von den elektrischen Eingangs- und Ausgangsgrößen des Resonanzwandlers, dem Vorverschiebungswinkel φ_{vor} und der Designvariable D_T auf. $\hat{I}_{RES}$ ist als Funktion von D_T in Abbildung 4-3 dargestellt. Als Startwert für das Tastverhältnis wurde

$D_T = 0{,}75$

gewählt. Dem korrespondiert ein maximaler Resonanzstrom von $\hat{I}_{RES} \approx 10{,}5$ A, (Abbildung 4-3).

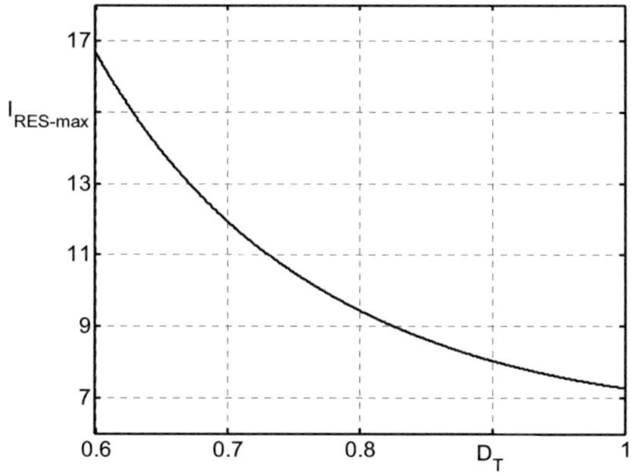

Abbildung 4-3: Resonanzstrom $\hat{I}_{RES}$ in Abhängigkeit des Tastverhältnisses D_T.

Nach Abschnitt 2.2.2 lassen sich mit einer geeigneten Wahl von α_C:

- die Teillasteffizienz,
- die Betriebsfrequenz im Teillastbereich sowie
- die Spannungsbelastung von C_S beeinflussen.

Startwerte für diesen Parameter liegen im Bereich zwischen 0,5 und 0,7 [54, 113]. Die Leitdauer θ des Hochspannungsgleichrichters bestimmt den Oberschwingungsgehalt der Transformatorspannung u_{TP} und verdeutlicht die Strombelastung der Dioden in der Greinacher-Kaskadenschaltung. [38]. Ein kleinerer Winkel verbessert den Klirrfaktor von u_{TS}, verschlechtert aber das Verhältnis des Strommaximums der Hochspannungsgleichrichterdioden zu deren Strommittelwert [49]. Günstige

Startwerte für die Leitdauer liegen zwischen 70° und 110°. Mit den Startwerten der Designvariablen und den Gleichungen (4.1) bis (4.16) lassen sich die Schwingkreiselemente L_R und C_S des Resonanzkreises sowie das Übersetzungsverhältnis $\ddot{u}_T$ des Hochspannungstransformators ermitteln. Nach Abbildung 4-4 ist $\ddot{u}_T$ unabhängig von dem Parameter α_C.

Mit Hilfe der Gleichung (4.22) wird die Spannungsbelastung $\hat{U}_{Cs(1)}$ berechnet:

$$\hat{U}_{Cs(1)} = \frac{2U_A^2}{U_E \cdot R_L \cdot \omega_S \cdot C_S \cdot \cos\left(\frac{\pi}{2}\left(1-D_T\right)+\varphi_{vor}\right)} . \tag{4.24}$$

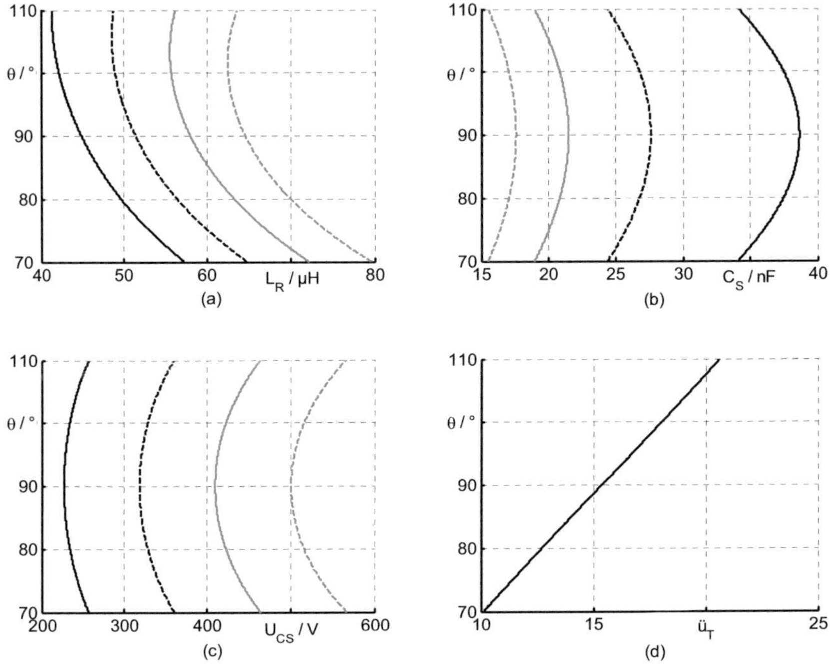

Abbildung 4-4: L_R, C_S, U_{CS_max} und $\ddot{u}_T$ als Funktion von θ und α_c im Nennarbeitspunkt, $\alpha_C \in$ {0,5 (schwarz); 0,7 (schwarz(--)); 0,9 (grau); 1,1(grau(--))}.

Unter Berücksichtigung der in Abbildung 4-4 dargestellten Zusammenhänge und der Verfügbarkeit der Kondensatoren wurden die passiven Bauelemente des Resonanzkreises gewählt:

$\boldsymbol{L_R = 55\ \mu H}$,

$\boldsymbol{C_S = 25\ nF}$,

$$C_P = 17{,}5\ nF.$$

Das dazugehörige Übersetzungsverhältnis des Transformators ist

$$ü_T = 13.$$

Für die zulässige parasitäre Kapazität folgt

$$C_{PT} + C_{PN} = 104\ pF.$$

Die gewählten Parameter sind ein Ergebnis einer ersten Iteration des beschriebenen Dimensionierungsprozesses. Davon ausgehend lassen sich bei einer Verletzung der Vorgaben und Randbedingungen weitere Iterationen durchführen. An dieser Stelle wird auf eine weitere Optimierung des ersten Entwurfes verzichtet. Eine Beschreibung der Auswahl sämtlicher Bauelemente sowie der Dimensionierung der induktiven Bauelemente erfolgt im Abschnitt 5.2.

4.1.3 Simulation des stationären Verhaltens

Mit Hilfe eines Schaltungssimulators (MATLAB/SIMULINK-PLECS) wurde ein geschaltetes Modell des Klasse-D-Wechselrichters mit Reihenparallelresonanzkreis und einer dreistufigen Greinacher-Kaskadenschaltung erstellt. Das dazugehörige Modell des Leistungskreises ist in Abbildung 4-5 dargestellt.

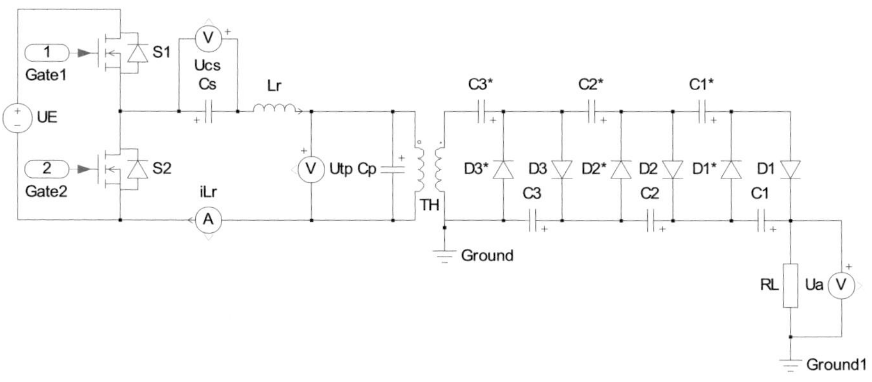

Abbildung 4-5: Geschaltetes Modell des Leistungskreises.

Die Ergebnisse der Simulation mit folgenden Parametern:

- Eingangsspannung U_E = 380 V,
- Ausgangsspannung U_A = 20 kV,
- Ausgangsleistung P_A = 800 W,
- Tastverhältnis D_T = 0,73,
- Vorverschiebung φ_{vor} = 25°,

sind in Abbildung 4-6 dargestellt. In diesem Nennarbeitspunkt verhält sich der Resonanzwandler entsprechend den abgeleiteten Gleichungen. Die sich selbst einstellende Schaltfrequenz hatte einen Wert von:

$$f_s = 210\ kHz,$$

und lag damit nur fünf Prozent über der Vorgabe. Das Verhalten des Wandlers in extremen Arbeitspunkten (Leerlauf bzw. Kurzschluss) wird von den parasitären Elementen der eingesetzten Bauelemente sehr stark beeinflusst [98]. Daher wird an dieser Stelle auf eine Simulation eben aufgeführter Arbeitspunkte verzichtet.

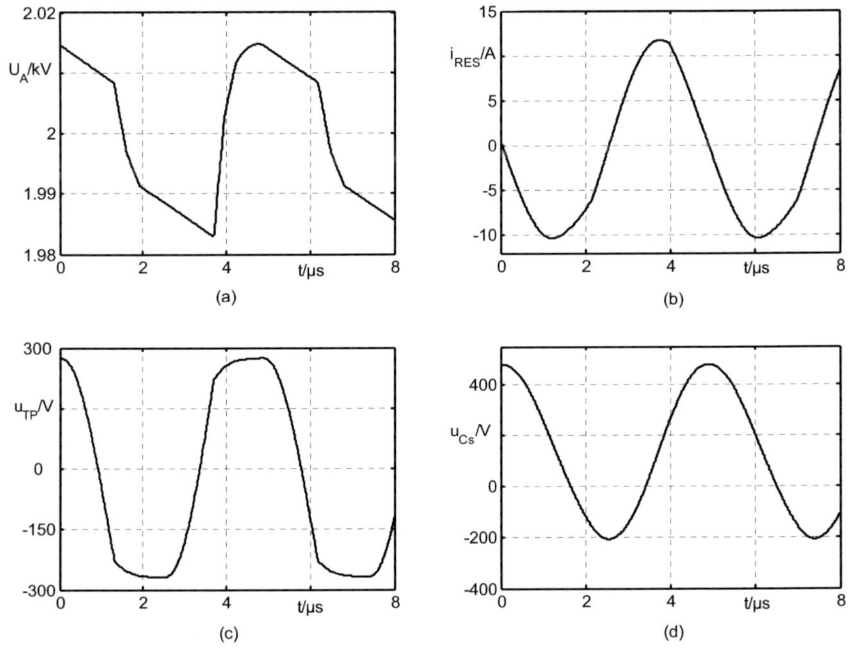

Abbildung 4-6: Simulationsergebnis eines in MATLAB/SIMULINK-PLECS implementierten geschalteten Modells.

Ein Vergleich des asymmetrisch geschalteten Klasse-D-Wandlers mit dem Halbbrückenwandler ist für unterschiedliche Arbeitspunkte in Abbildung 4-7 dargestellt. Beide Strukturen verfügen über:

- die gleichen Resonanzkreiselemente,
- einen Hochspannungstransformator mit einem Übersetzungsverhältnis von $\ddot{u}_T = 13$ sowie
- eine dreistufige Greinacher-Kaskadenschaltung.

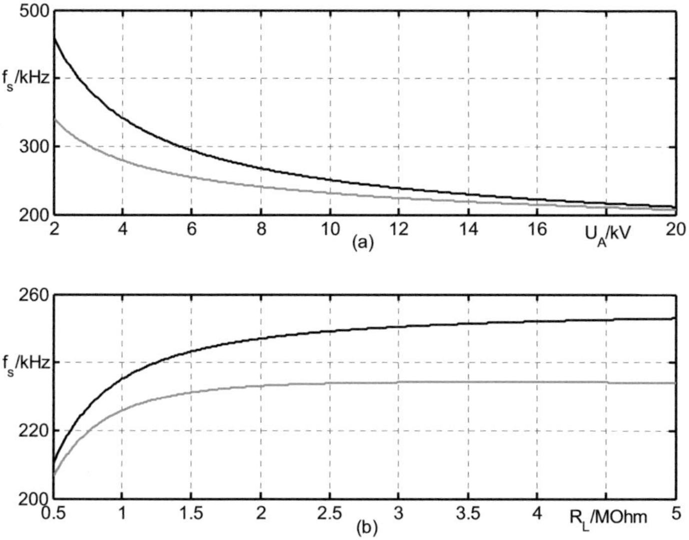

Abbildung 4-7: Vergleich des Klasse-D-Wandlers (grau) mit dem Halbbrückenwandler (schwarz)

a) Schaltfrequenz f_s als Funktion der Ausgangsspannung U_A mit $R_L = 500\ k\Omega$

b) Schaltfrequenz f_s als Funktion des Lastwiderstandes R_L mit $U_A = 20\ kV$.

Der Vorteil des Klasse-D-Wandlers gegenüber der Halbbrückenwandlerstruktur ist eine geringere Änderung der Schaltfrequenz im Teillastbereich, der bei der Variation der Ausgangsspannung besonders deutlich wird (Abbildung 4-7 (a)).

4.2 Dynamisches Verhalten des Klasse D Wandlers

Die Ableitung geschlossener analytischer Modelle, die das dynamische Verhalten leistungselektronischer Systeme mit hinreichender Genauigkeit beschreiben ist notwendig, um einen optimalen Entwurf von Steuerungen und Regelungen (hinsichtlich bestimmter Vorgaben und Beschränkungen) durchzuführen [125, 96]. Das nichtstetige Verhalten der Leistungshalbleiter stellt dabei eine Besonderheit dar. In Abhängigkeit der Anzahl der verschiedenen Schaltzustände eines leistungselektronischen Systems ergeben sich Differentialgleichungssysteme, die nur für den jeweiligen Zustand gültig sind [31]. Das Verfahren der Zustandsraummittelwertbildung bietet die Möglichkeit die nur abschnittsweise gültigen Differentialgleichungssysteme mit hinreichender Genauigkeit zu einem System zusammenzufassen [25, 40, 71, 79]. Eine Voraussetzung für die Anwendung dieses Verfahrens sind vernachlässigbare Änderungen der Zustandsgrößen während einer Schaltperiode. Für Topologien mit ausgeprägtem Schwingungsverhalten, zu denen auch die Resonanzwandler zählen, und Schaltungskonzepten mit einer hohen Welligkeit der Zustandsgrößen erweist sich das aufgeführte Beschreibungskonzept als ungeeignet [71, 99, 124].

Für die Ableitung eines analytischen Modells resonant schaltender leistungselektronischer Systeme wird i.A. eines der drei folgenden Konzepte benutzt [127, 119, 128, 34]:

- Verallgemeinerte Zustandsraummittelwertbildung,
- „Sampled Data Method" sowie
- „Approximate Circuit Technique".

Ein Vergleich dieser Verfahren ist Gegenstand von [92]. Danach ist die „Sampled Data Method" das mathematisch aufwendigste aber auch genaueste Verfahren. Differentialgleichungssysteme werden für jeden Betriebszustand des Resonanzwandlers aufgestellt. Unter Berücksichtigung der Zustandswechselzeitpunkte werden die stückweise gültigen Zustandgleichungen gelöst. Wird der Wechselrichter mit dem Verfahren „self sustained oscillation" [91] angesteuert, ist es sehr aufwendig, die sich selbst einstellende Schaltfrequenz f_s zu berechnen [92]. Das abgeleitete Modell ist auch in extremen Arbeitspunkten gültig. In diesen Arbeitspunkten lässt sich der Einfluss der parasitären resistiven Elemente des Resonanzwandlers nicht mehr vernachlässigen. Daher ist die Beschreibung des Kurzschlusses bzw. Leerlaufs nur zulässig, wenn die resistiven Elemente mit in den Modellbildungsprozess integriert werden. Die „Approximate Circuit Technique“ ist für die Beschreibung des dynamischen Verhaltens des Reihenparallelresonanzwandlers mit einem Steuerverfahren nach [91] nicht geeignet [124]. Die verallgemeinerte Zustandsraummittelwertbildung basiert darauf, dass jeder beliebige Kurvenverlauf x innerhalb eines Intervalls $(t\text{-}T,t)$ mit einer Fourierreihe der Form

$$x(t-T+s)=\sum_k \langle x\rangle_k(t)\cdot e^{jk\omega_s(t-T+s)}, \quad \text{mit: } k\in Z \ , \ \omega_s=2\pi/T \ , \ s\in(0,T) \tag{4.25}$$

beschrieben werden kann [13]. Die komplexen Fourierkoeffizienten $\langle x\rangle_k(t)$ lassen sich dabei mit

$$\langle x\rangle_k(t)=\frac{1}{T}\int_0^T x(t-T+s)e^{-jk\omega_s(t-T+s)}ds \tag{4.26}$$

bestimmen. Da das betrachtete Intervall über den Kurvenverlauf x bewegt wird, sind die komplexen Fourierkoeffizienten ebenfalls Funktionen der Zeit. Das dynamische Verhalten der komplexen Fourierkoeffizienten wird durch ihre erste Ableitung nach der Zeit wiedergegeben:

$$\begin{aligned}\frac{d}{dt}\langle x\rangle_k(t)&=\frac{1}{T}\int_0^T \frac{d}{dt}x(t-T+s)\cdot e^{-jk\omega_s(t-T+s)}ds-jk\omega_s\frac{1}{T}\int_0^T x(t-T+s)\cdot e^{-jk\omega_s(t-T+s)}ds\\&=\left\langle\frac{d}{dt}x\right\rangle_k(t)-jk\omega_s\langle x\rangle_k(t)\end{aligned} \quad . \tag{4.27}$$

Die Gleichung (4.27) gilt unter der Annahme, dass ω_s gleich konstant ist, stellt jedoch für langsame Änderungen von ω_s immer noch eine hinreichend genaue Näherung dar. Die verallgemeinerte Zustandsraummittelwertbildung bietet einen günstigen Kompromiss zwischen dem mathematischen Aufwand der Berechnungen und der Genauigkeit der Ergebnisse [18].

Die bisherigen Betrachtungen für die Beschreibung des dynamischen Verhaltens leistungselektronischer Systeme beruhen auf den Kirchhoffschen Knoten- und Maschensätzen. Wolf [125] zeigt, dass bei einem Koordinatenwechsel (Übergang der Größen Strom und Spannung zu Energien und Kräften) Modelle erhalten werden, die weitere Einsichten in das Verhalten leistungselektronischer System gestatten. Diese Verfahren stehen nicht im Fokus dieser Arbeit. Für weitere Informationen sei auf die Literaturstellen [86 und 125] verwiesen.

4.2.1 Ableitung des Großsignalmodells

Ausgangspunkt der Modellbildung ist das vereinfachte Ersatzschaltbild des Wandlers (Abbildung 4-8). Die Ersatzschaltung der Greinacher-Kaskade (Abschnitt 3.2.2) mit Ausgangskondensator und Lastwiderstand wurden auf die Primärseite transformiert.

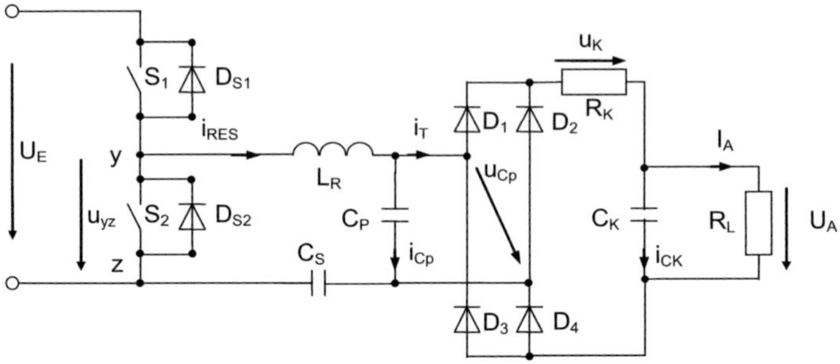

Abbildung 4-8: Vereinfachtes Ersatzschaltbild des Klasse-D-Wandlers.

Aus dem Ersatzschaltbild lassen sich zunächst die folgenden Differentialgleichungen ablesen:

$$\frac{di_{RES}}{dt} = \frac{1}{L_R}\left(u_{yz} - u_{Cs} - u_{Cp}\right), \tag{4.28}$$

$$\frac{du_{Cs}}{dt} = \frac{1}{C_S} i_{RES} \text{ sowie} \tag{4.29}$$

$$\frac{du_A}{dt} = \frac{1}{C_K}\left(\left|i_T\right| - \frac{u_A}{R_L}\right). \tag{4.30}$$

Der Reihenparallelresonanzkreis hat die Wirkung eines schmalbandigen Bandpassfilters mit einer Dämpfung des Sperrbereichs (Abbildung 4-9). Somit lassen sich die Ströme und Spannungen des Resonanzkreises mit hinreichender Genauigkeit über die Grundschwingungsanteile der entsprechenden komplexen Fourierreihe beschreiben:

$$i_{RES}(t-T+s) \approx \left\langle I_{RES}\right\rangle_1(t)e^{j\omega_s(t-T+s)} + \left\langle I_{RES}\right\rangle_{-1}(t)e^{-j\omega_s(t-T+s)}, \tag{4.31}$$

$$u_{Cs}(t-T+s) \approx \left\langle U_{Cs}\right\rangle_1(t)e^{j\omega_s(t-T+s)} + \left\langle U_{Cs}\right\rangle_{-1}(t)e^{-j\omega_s(t-T+s)} \tag{4.32}$$

sowie

$$u_{Cp}\left(t-T+s\right) \approx \left\langle U_{Cp}\right\rangle_1\left(t\right)e^{j\omega_s(t-T+s)} + \left\langle U_{Cp}\right\rangle_{-1}\left(t\right)e^{-j\omega_s(t-T+s)}. \tag{4.33}$$

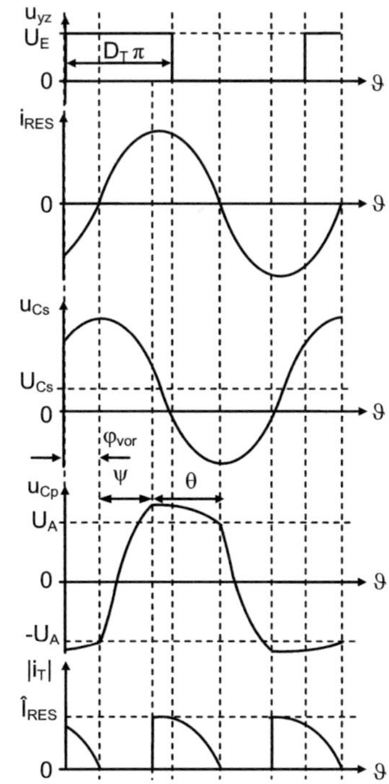

Abbildung 4-9: Zeitverhalten charakteristischer Spannungen und Ströme.

Für die Betrachtung des dynamischen Verhaltens des Resonanzwandlers sind die Gleichanteile der Spannungen u_{Cs} und u_{yz} vernachlässigbar und werden daher in der folgenden Herleitung nicht weiter betrachtet. Die Fourierkoeffizienten in den Gleichungen (4.31) bis (4.33) sind jeweils konjugiert komplex, also:

$$\langle I_{RES} \rangle_1 (t) = x_1(t) + jx_2(t) \; ; \; \langle I_{RES} \rangle_{-1} (t) = x_1(t) - jx_2(t) \, , \tag{4.34}$$

$$\langle U_{Cs} \rangle_1 (t) = x_3(t) + jx_4(t) ; \langle U_{Cs} \rangle_{-1} (t) = x_3(t) - jx_4(t) \tag{4.35}$$

sowie

$$\langle U_{Cp} \rangle_1 (t) = x_5(t) + jx_6(t) ; \langle U_{Cp} \rangle_{-1} (t) = x_5(t) - jx_6(t) \, . \tag{4.36}$$

Mit Hilfe der reellen Werte x_i lassen sich die Amplituden von i_{RES}, u_{Cs} und u_{Cp} sowie die Verschiebung der Schaltzeitpunkte des Wechselrichters gegenüber den Nulldurchgängen dieser Größen berechnen (Abbildung 4-9). Für den Resonanzstrom i_{RES} gilt z.B.:

$$\hat{I}_{RES} = 2\sqrt{x_1^2 + x_2^2} \tag{4.37}$$

sowie

$$\sin\varphi_{vor} = \frac{-x_1}{\sqrt{x_1^2 + x_2^2}} \quad \text{und} \quad \cos\varphi_{vor} = \frac{-x_2}{\sqrt{x_1^2 + x_2^2}} \text{ [93].} \tag{4.38),(4.39}$$

Für die Spannungen u_{Cs} und u_{Cp} ergeben sich entsprechende Ausdrücke. Bei der Ausgangsspannung u_A des betrachteten Wandlers handelt es sich weitestgehend um eine Gleichspannung, die in guter Näherung durch den Gleichanteil der zugehörigen komplexen Fourierreihe beschrieben werden kann:

$$u_A(t-T+s) \approx \langle U_A \rangle_0 (t). \tag{4.40}$$

Dies ist ein reeller Ausdruck, dem ein weiteres x_i zugeordnet wird:

$$\langle U_A \rangle_0 (t) = x_7(t). \tag{4.41}$$

Die erste Ableitung nach der Zeit der Fourierkoeffizienten in den Gleichungen (4.34), (4.35) und (4.40) kann nun jeweils gemäß Gleichung (4.27) ermittelt werden. Da es sich bei den Fourierkoeffizienten in den Gleichungen (4.34) und (4.35) um konjugiert komplexe Ausdrücke handelt, genügt es, für die Modellbildung nur jeweils einen der Ausdrücke zu betrachten. Es ergeben sich damit die folgenden Beziehungen:

$$\frac{d\langle I_{RES} \rangle_1}{dt} = \left\langle \frac{d}{dt} I_{RES} \right\rangle_1 - j\omega_s \langle I_{RES} \rangle_1 \tag{4.42}$$

mit

$$\begin{aligned} \left\langle \frac{d}{dt} I_{RES} \right\rangle_1 &= \frac{1}{T}\int_0^T \frac{di_{RES}(t-T+s)}{dt} e^{-j\omega_s(t-T+s)} ds \\ &= \frac{1}{T}\int_0^T \frac{1}{L_R}\Big(-u_{Cs}(t-T+s) - u_{Cp}(t-T+s) + u_{YZ}(t-T+s)\Big) e^{-j\omega_s(t-T+s)} ds \\ &= \frac{1}{L_R}\Big(-\langle U_{Cs} \rangle_1 - \langle U_{Cp} \rangle_1 + \langle U_{YZ} \rangle_1\Big), \end{aligned} \tag{4.43}$$

$$\frac{d\langle U_{Cs} \rangle_1}{dt} = \left\langle \frac{d}{dt} U_{Cs} \right\rangle_1 - j\omega_s \langle U_{Cs} \rangle_1 \tag{4.44}$$

mit

$$\begin{aligned}\left\langle \frac{d}{dt} U_{Cs} \right\rangle_1 &= \frac{1}{T} \int_0^T \frac{du_{Cs}(t-T+s)}{dt} e^{-j\omega_s (t-T+s)} ds \\ &= \frac{1}{T} \int_0^T \frac{1}{C_s} i_{RES}(t-T+s) e^{-j\omega_s (t-T+s)} ds \\ &= \frac{1}{C_s} \langle I_{RES} \rangle_1\end{aligned} \tag{4.45}$$

sowie

$$\frac{d\langle U_A \rangle_0}{dt} = \left\langle \frac{d}{dt} U_A \right\rangle_0 \tag{4.46}$$

mit

$$\begin{aligned}\left\langle \frac{d}{dt} U_A \right\rangle_0 &= \frac{1}{T} \int_0^T \frac{du_A(t-T+s)}{dt} ds \\ &= \frac{1}{T} \int_0^T \frac{1}{C_K} \left(|i_T(t-T+s)| - \frac{u_A(t-T+s)}{R_L} \right) ds . \\ &= \frac{1}{C_K} \left(\langle |i_T| \rangle_0 - \frac{\langle U_A \rangle_0}{R_L} \right).\end{aligned} \tag{4.47}$$

Für die Bestimmung der ersten Ableitung der Fourierkoeffizienten von Gleichung (4.36) muss der zeitliche Verlauf von $u_{Cp}(\vartheta)$ beschrieben werden. Dafür wird eine Schaltperiode entsprechend Abbildung 4-9 in fünf Bereiche unterteilt:

- Bereich 1: $0 \le \vartheta < \varphi_{vor}$

  In diesem Abschnitt befindet sich der Gleichrichter in dem leitenden Zustand und der Resonanzstrom fließt durch den Widerstand R_K. Der Teilstrom durch den Kondensator C_P wird vernachlässigt,

$$u_{Cp}(\vartheta)_1 = -U_A + R_K \cdot \hat{I}_{RES} \sin \vartheta . \tag{4.48}$$

  Mit

$$\begin{aligned} i_{RES}(\vartheta) &= x_1 \left(e^{j\varphi_{vor}} + e^{-j\varphi_{vor}} \right) + jx_2 \left(e^{j\varphi_{vor}} - e^{-j\varphi_{vor}} \right) \\ &= 2x_1 \cos \vartheta - 2x_2 \sin \vartheta \end{aligned} \tag{4.49}$$

  lässt sich Gleichung (4.48) umformen:

$$u_{Cp}(\vartheta)_1 = -U_A + 2R_K \cdot \left(x_1 \cos \vartheta - x_2 \sin \vartheta \right). \tag{4.50}$$

- Bereich 2: $\varphi_{vor} \le \vartheta < \varphi_{vor} + \psi$

Der Gleichrichter sperrt und der Resonanzstrom fließt durch den Kondensator C_P

$$u_{Cp}(\vartheta)_2 = u_{Cp}(\varphi_{vor}) + \frac{1}{\omega_s C_p} \int_{\varphi_{vor}}^{\vartheta} i_{Cp}(\vartheta) d\vartheta . \tag{4.51}$$

Mit Berücksichtigung von (4.49) und $u_{Cp}(\varphi_{vor}) = -U_A$ ist:

$$u_{Cp}(\vartheta)_2 = -U_A + \frac{2\sqrt{x_1^2 + x_2^2}}{\omega_s C_p} + \frac{2x_1}{\omega_s C_p} \sin\vartheta + \frac{2x_2}{\omega_s C_p} \cos\vartheta . \tag{4.52}$$

- Bereich 3: $\varphi_{vor} + \psi \le \vartheta < \varphi_{vor} + \pi$

Der Gleichrichter leitet und der Resonanzstrom fließt durch den Widerstand R_K:

$$u_{Cp}(\vartheta)_3 = U_A + 2R_K \cdot \left(x_1 \cos\vartheta - x_2 \sin\vartheta \right) . \tag{4.53}$$

- Bereich 4: $\varphi_{vor} + \pi \le \vartheta < \varphi_{vor} + \pi + \psi$

Der Gleichrichter sperrt und der Resonanzstrom fließt durch den Kondensator C_P:

$$u_{Cp}(\vartheta)_4 = U_A - \frac{2\sqrt{x_1^2 + x_2^2}}{\omega_s C_p} + \frac{2x_1}{\omega_s C_p} \sin\vartheta + \frac{2x_2}{\omega_s C_p} \cos\vartheta . \tag{4.54}$$

- Bereich 5: $\varphi_{vor} + \pi + \psi \le \vartheta < 2\pi$

Der Gleichrichter leitet und der Resonanzstrom fließt durch den Widerstand R_K:

$$u_{Cp}(\vartheta)_5 = -U_A + 2R_K \cdot \left(x_1 \cos\vartheta - x_2 \sin\vartheta \right) . \tag{4.55}$$

Mit dem eben beschriebenen zeitlichen Verlauf von $u_{Cp}(\vartheta)$ lässt sich der Fourierkoeffizient $\langle U_{Cp} \rangle_1$ berechnen:

$$\langle U_{Cp} \rangle_1 = \frac{1}{2\pi} \int_0^{2\pi} u_{Cp}(\vartheta) e^{-j\vartheta} d\vartheta . \tag{4.56}$$

Unter Berücksichtigung der Gleichungen (4.48) bis (4.55) erhält man:

$$\left\langle U_{Cp}\right\rangle_1=\frac{1}{2\pi}\left[\begin{array}{l}\int\limits_0^{\varphi_{vor}} u_{Cp}(\vartheta)_1 e^{-j\vartheta}d\vartheta+\int\limits_{\varphi_{vor}}^{\varphi_{vor}+\psi} u_{Cp}(\vartheta)_2 e^{-j\vartheta}d\vartheta+\int\limits_{\varphi+\psi}^{\varphi_{vor}+\pi} u_{Cp}(\vartheta)_3 e^{-j\vartheta}d\vartheta\\+\int\limits_{\varphi_{vor}+\pi}^{\varphi_{vor}+\pi+\psi} u_{Cp}(\vartheta)_4 e^{-j\vartheta}d\vartheta+\int\limits_{\varphi_{vor}+\pi+\psi}^{2\pi} u_{Cp}(\vartheta)_5 e^{-j\vartheta}d\vartheta\end{array}\right]. \quad (4.57)$$

bzw.

$$\left\langle U_{Cp}\right\rangle_1=x_5+jx_6 \quad (4.58)$$

mit

$$x_5=x_1k_1+x_2k_2 \quad \text{und} \quad x_6=x_1k_3+x_2k_4. \quad (4.59),(4.60).$$

Die Variablen $k_1,\ldots,k_4$ sind folgendermaßen definiert:

$$k_1=\frac{\sin^2\theta}{\pi\omega_s C_p}+\frac{R_K\sin(2\theta)}{2\pi}+\frac{R_K}{\pi}, \quad (4.61)$$

$$k_2=\frac{R_K\sin^2\theta}{\pi}-\frac{\sin(2\theta)}{2\pi\omega_s C_p}+\frac{1}{\pi\omega_s C_p}, \quad (4.62)$$

$$k_3=-\frac{R_K\sin^2\theta}{\pi}+\frac{\sin(2\theta)}{2\pi\omega_s C_p}-\frac{(\pi-\theta)}{\pi\omega_s C_p} \text{ sowie} \quad (4.63)$$

$$k_4=\frac{\sin^2\theta}{\pi\omega_s C_p}+\frac{R_K\sin(2\theta)}{2\pi}-\frac{R_K(\pi-\theta)}{\pi}+R_K. \quad (4.64)$$

Ansätze zur teilweise sehr umfangreichen Herleitung dieser Ausdrücke befinden sich im Anhang (B). Für die Leitdauer θ gilt der Zusammenhang:

$$\theta=\arccos\left(\frac{x_7\omega_s C_p}{\sqrt{x_1^2+x_2^2}}-1\right). \quad (4.65)$$

Dessen Herleitung sowie die Ansätze zur Berechnung von

$$\left\langle |i_T|\right\rangle_0=\frac{2\sqrt{x_1^2+x_2^2}}{\pi}(1-\cos\theta) \quad (4.66)$$

sind ebenfalls Gegenstand von Anhang (B). Der für die Aufstellung des Großsignalmodells notwendige Fourierkoeffizient $\left\langle U_{yz}\right\rangle_1$ der Eingangsspannung beträgt:

$$\begin{aligned}\langle U_{yz}\rangle_1 &= \frac{1}{2\pi}\int_0^{D_T\cdot\pi} U_E\cdot e^{-j\vartheta}d\vartheta \\ &= \frac{U_E}{2\pi}\left[\sin(D_T\cdot\pi)+j\left(\cos(D_T\cdot\pi)-1\right)\right]\end{aligned} \quad (4.67)$$

Wie man den Gleichungen (4.59) bis (4.65) entnehmen kann, sind die Ausdrücke x_5 und x_6 (abgesehen von Schaltungsparametern und der Schaltfrequenz) jeweils vollständig durch x_1, x_2 und x_7 bestimmt. Damit genügt es für das ermittelte Großsignalmodell des betrachteten Wandlers einen aus fünf Zustandsgrößen bestehenden Zustandsvektor einzuführen:

$$\vec{x} = \begin{bmatrix} x_1 & x_2 & x_3 & x_4 & x_7 \end{bmatrix}^T \text{ [93].} \quad (4.68)$$

Ausgehend von den Gleichungen (4.42) bis (4.67) lassen sich mit den Gleichungen (4.31), (4.32) und (4.41) damit die folgenden Zustandsgleichungen des Großsignalmodells aufstellen:

$$\frac{d}{dt}x_1 = \omega_s x_2 - \frac{x_3}{L_R} - \frac{x_5}{L_R} + \frac{U_E}{2\pi\cdot L_R}\sin(D_T\cdot\pi), \quad (4.69)$$

$$\frac{d}{dt}x_2 = -\omega_s x_1 - \frac{x_4}{L_R} - \frac{x_6}{L_R} + \frac{U_E}{2\pi\cdot L_R}\left(\cos(D_T\cdot\pi)-1\right), \quad (4.70)$$

$$\frac{d}{dt}x_3 = \omega_s x_4 + \frac{x_1}{C_s}, \quad (4.71)$$

$$\frac{d}{dt}x_4 = -\omega_s x_3 + \frac{x_2}{C_s} \quad \text{sowie} \quad (4.72)$$

$$\frac{d}{dt}x_7 = \frac{4\sqrt{x_1^2+x_2^2}}{\pi\cdot C_K} - x_7\frac{2\omega_s C_p R_L + \pi}{\pi\cdot C_K R_L}. \quad (4.73)$$

4.2.2 Lösung des stationären Zustands

Im stationären Zustand ist der Mittelwert des Ausgangsstromes gleich dem Mittelwert des Gleichrichterstromes. Damit ist:

$$I_A = \frac{x_{7sz}}{R_L} = \langle |i_T| \rangle_{0sz}, \quad (4.74)$$

wobei der Index „*sz*" als Hinweis für den stationären Zustand eingeführt wird. Weiterhin gilt unter Berücksichtigung der Gleichungen (4.65) und (4.66):

$$\cos\theta_{sz} = \frac{1 - \dfrac{\pi}{2\omega_{ssz} C_P R_L}}{1 + \dfrac{\pi}{2\omega_{ssz} C_P R_L}}. \tag{4.75}$$

Mit Hilfe von

$$\cos\varepsilon = \frac{1-\tan^2\dfrac{\varepsilon}{2}}{1+\tan^2\dfrac{\varepsilon}{2}}, \quad \text{folgt:} \quad \theta_{sz} = 2\arctan\sqrt{\frac{\pi}{2\omega_{ssz} C_P R_L}} \tag{4.76),(4.77}$$

Es können die Größen θ und ω_s in den Gleichungen (4.61) bis (4.64) durch ihre stationären Werte θ_{sz} und ω_{ssz} ersetzt werden. Die Lösung des stationären Zustands ergibt sich durch Nullsetzungen der ersten Ableitungen des Großsignalmodells:

$$\frac{dx_i}{dt} = 0 \quad \text{mit } i = 1,\dots,4,7, \tag{4.78}$$

$$x_{1sz} = -\frac{m_1}{k_1} x_{2sz} + \frac{k_5}{k_1}\sin(D_T \cdot \pi), \tag{4.79}$$

$$x_{2sz} = k_5 \cdot \frac{m_2 \cdot \sin\left(D_T \cdot \pi\right) - k_1\left(1 - \cos\left(D_T \cdot \pi\right)\right)}{k_4 k_1 - m_1 m_2}, \tag{4.80}$$

$$x_{3sz} = \frac{x_{2sz}}{\omega_{ssz} C_s}, \tag{4.81}$$

$$x_{4sz} = -\frac{x_{1sz}}{\omega_{ssz} C_s} \tag{4.82}$$

sowie

$$x_{7sz} = \frac{2R_L\sqrt{x_{1sz}^2 + x_{2sz}^2}}{\pi}\left(1 - \cos\theta_{sz}\right). \tag{4.83}$$

Weitere eingeführte Variablen sind folgendermaßen definiert:

$$k_5 = \frac{U_E}{2\pi}, \tag{4.84}$$

$$m_1 = \omega_{ssz} L_R - \frac{1}{\omega_{ssz} C_S} - k_2 \quad \text{sowie} \quad m_2 = \frac{1}{\omega_{ssz} C_S} - \omega_{ssz} L_R - k_3. \tag{4.85),(4.86}$$

In MATLAB/SIMULINK wurde basierend auf dem nichtlinearen Gleichungssystem (Gleichungen (4.69) bis (4.73)) ein Simulationsmodell implementiert. Die in Abbildung

4-10 dargestellte Blockschaltung veranschaulicht die Wirkungsweise des Simulationsmodells.

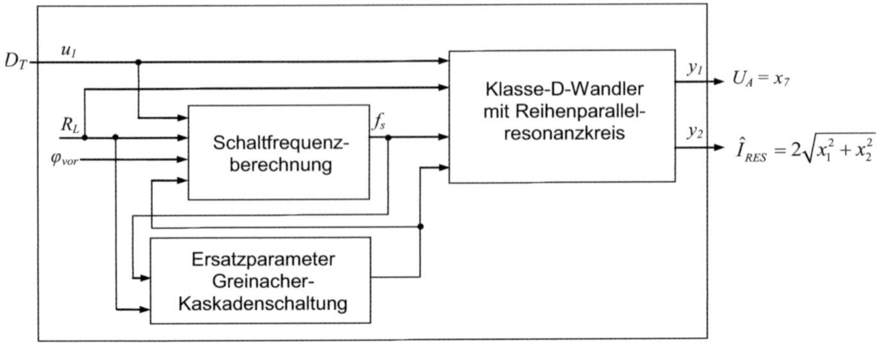

Abbildung 4-10: Blockschaltung des Wandlermodells.

Der Block „Klasse-D-Wandler mit Reihenparallelresonanzkreis" enthält das Gleichungssystem des Großsignalmodells. Eingänge dieses Blocks sind das Tastverhältnis D_T, die Schaltfrequenz f_s, der Lastwiderstand R_L sowie die Ersatzparameter der Greinacher-Kaskadenschaltung. Als Ausgänge können neben der zu regelnden Größe (an dieser Stelle die Ausgangsspannung U_A) noch weitere interessierende Größen gewählt werden (z.B. die Amplitude des Resonanzstromes $\hat{I}_{RES}$). Die Bestimmung der arbeitspunktabhängigen Ersatzparameter der Greinacher-Kaskadenschaltung erfolgt basierend auf dem in Abschnitt 4.2.1 beschriebenen Verfahren. Für die Ansteuerung des Klasse-D-Wandlers wird ein Verfahren mit einer sich in Abhängigkeit der Nulldurchgänge des Resonanzstromes selbst einstellenden Schaltfrequenz f_s genutzt. Damit ist f_s nicht unabhängig wählbar. Sie stellt sich vielmehr in Abhängigkeit von verschiedenen Größen (Arbeitspunkt des Wandlers, Schaltungsparameter und Vorverschiebung) ein. Für den stationären Betrieb konnte für die Schaltfrequenz ein funktioneller Zusammenhang gefunden werden. Ausgangspunkt für die Bestimmung von f_{ssz} ist die Gleichung (4.80). Das Umformen der Lösung des stationären Zustands von x_{2sz} liefert:

$$k_5 = \frac{x_{2sz}\left(k_4 k_1 - m_1 m_2\right)}{m_2 \cdot \sin\left(D_T \cdot \pi\right) - k_1\left(1 - \cos\left(D_T \cdot \pi\right)\right)}.$$

Eingesetzt in (4.79) ergibt sich:

$$x_{1sz} = \frac{x_{2sz}}{k_1}\left(m_1 + \frac{\left(k_4 k_1 - m_1 m_2\right) \cdot \sin\left(D_T \cdot \pi\right)}{m_2 \cdot \sin\left(D_T \cdot \pi\right) - k_1\left(1 - \cos\left(D_T \cdot \pi\right)\right)}\right).$$

Mit $\sin\varphi_{vor} = \frac{-x_{1sz}}{\sqrt{x_{1sz}^2 + x_{2sz}^2}}$ und $\cos\varphi_{vor} = \frac{-x_{2sz}}{\sqrt{x_{1sz}^2 + x_{2sz}^2}}$

erhält man:

$$\tan\varphi_{vor} = \frac{k_4 \cdot \sin(D_T \cdot \pi) - m_1\left(1 - \cos(D_T \cdot \pi)\right)}{m_2 \cdot \sin(D_T \cdot \pi) - k_1\left(1 - \cos(D_T \cdot \pi)\right)}. \tag{4.87}$$

Für gegebene Schaltungsparameter genügt die stationäre Schaltfrequenz dem Zusammenhang

$$\omega_{ssz} = f(\varphi_{vor}, R_L, D_T). \tag{4.88}$$

Diese nichtlineare Funktion lässt sich numerisch lösen. Für die Modellierung wird nun angenommen, dass sich nach einer Änderung der in Gleichung (4.88) aufgeführten Größen sofort die neue zugehörige Frequenz f_{ssz} einstellt. Ein für diese Berechnung entsprechender Block wurde im Modell implementiert (Abbildung 4-10). Für eine in einer digitalen Recheneinheit programmierte Ansteuerung ist dies eine zulässige Annahme (Abschnitt 5.1.2).

4.2.3 Ableitung des Kleinsignalmodells

Ausgehend von denen das Großsignalverhalten des Klasse-D-Wandlers beschreibenden nichtlinearen Gleichungen ((4.69) bis (4.73)), kann nun in Abhängigkeit vom aktuellen Arbeitspunkt ein Kleinsignalmodell ermittelt werden. Dieses Modell basiert auf linearen Gleichungen und beschreibt das Kleinsignalverhalten des Wandlers in der Nähe des gewählten Arbeitspunktes [33]. Ausgehend von einem stationären Zustand gilt:

$$\vec{x} = \vec{x}_{sz} + \Delta\vec{x}. \tag{4.89}$$

Die Ableitung nach der Zeit ergibt:

$$\dot{\vec{x}} = \dot{\vec{x}}_{sz} + \Delta\dot{\vec{x}} = \Delta\dot{\vec{x}}. \tag{4.90}$$

Das Ergebnis der Linearisierung ist somit ein Gleichungssystem der Form:

$$\begin{aligned} \Delta\dot{\vec{x}} &= \mathbf{A} \cdot \Delta\vec{x} + \mathbf{B} \cdot \Delta\vec{u} \\ \Delta\vec{y} &= \mathbf{C} \cdot \Delta\vec{x} + \mathbf{D} \cdot \Delta\vec{u} \end{aligned}. \tag{4.91}$$

Darin bezeichnet $\Delta\vec{u}$ die Auslenkung des Eingangsvektors vom betrachteten Arbeitspunkt, $\Delta\vec{x}$ und $\Delta\vec{y}$ die entsprechenden Auslenkungen des Zustandsvektors bzw. des

Ausgangsvektors. Die Matrizen **A**, **B**, **C** und **D** beschreiben das System im jeweiligen Arbeitspunkt. Die Dimension der Systemmatrix **A** entspricht der Anzahl i der Zustandsgrößen und beträgt demnach i x i. Für ihre Elemente gilt:

$$a_{11} = \left.\frac{\partial f_1(\vec{x},\vec{u})}{\partial x_1}\right|_{\vec{x}_{SZ},\vec{u}_{SZ}}, \ldots, a_{1i} = \left.\frac{\partial f_1(\vec{x},\vec{u})}{\partial x_i}\right|_{\vec{x}_{SZ},\vec{u}_{SZ}}, \ldots, a_{ii} = \left.\frac{\partial f_i(\vec{x},\vec{u})}{\partial x_i}\right|_{\vec{x}_{SZ},\vec{u}_{SZ}}, \tag{4.92}$$

wobei

$$\vec{f}(\vec{x},\vec{u}) = \begin{bmatrix} f_1(x_1,\ldots,\ x_i,\ u_1,\ldots,\ u_j) \\ \vdots \\ f_i(x_1,\ldots,\ x_i,\ u_1,\ldots,\ u_j) \end{bmatrix} \tag{4.93}$$

und j die Anzahl der Eingangsgrößen ist. Die Elemente b_{ij} der Eingangsmatrix **B** lassen sich folgendermaßen bestimmen:

$$b_{11} = \left.\frac{\partial f_1(\vec{x},\vec{u})}{\partial u_j}\right|_{\vec{x}_{SZ},\vec{u}_{SZ}}, \ldots, b_{1j} = \left.\frac{\partial f_1(\vec{x},\vec{u})}{\partial u_j}\right|_{\vec{x}_{SZ},\vec{u}_{SZ}}, \ldots, b_{ij} = \left.\frac{\partial f_i(\vec{x},\vec{u})}{\partial u_j}\right|_{\vec{x}_{SZ},\vec{u}_{SZ}}. \tag{4.94}$$

Für die Bestimmung der Elemente c_{li} der Ausgangsmatrix gilt:

$$c_{11} = \left.\frac{\partial g_1(\vec{x})}{\partial x_1}\right|_{\vec{x}_{SZ}}, \ldots, c_{1i} = \left.\frac{\partial g_1(\vec{x})}{\partial x_i}\right|_{\vec{x}_{SZ}}, \ldots, c_{li} = \left.\frac{\partial g_l(\vec{x})}{\partial x_i}\right|_{\vec{x}_{SZ}}, \tag{4.95}$$

wobei

$$\vec{y} = \vec{g}(\vec{x}) = \begin{bmatrix} g_1(x_1,\ldots,\ x_i) \\ \vdots \\ g_l(x_1,\ldots,\ x_i) \end{bmatrix} \tag{4.96}$$

und l die Anzahl der Ausgangsgrößen ist. Im vorliegenden Fall hat der Eingangsvektor keinen direkten Einfluss auf den Ausgangsvektor. Damit sind die Elemente der Durchgangsmatrix **D** Null. Ausgehend vom Gleichungssystem (4.91) können die verschiedenen Übertragungsfunktionen $G_{lj}(s) = \Delta y_l / \Delta u_j$ angegeben werden. Für die Regelung der Ausgangsspannung U_A ist gemäß Abbildung 4-10 die Übertragungsfunktion

$$G_{11}(s) = \frac{\Delta y_1}{\Delta u_1} \tag{4.97}$$

ausschlaggebend. Diese kann für alle relevanten Arbeitspunkte bestimmt werden. Ausgehend von dem vorliegenden in MATLAB/SIMULINK implementierten Großsignalmodell kann mit Hilfe der MATLAB-Funktion „*linmod*" [77] die Berechnung der Matrizen des Kleinsignalmodells für einen entsprechenden Arbeitspunkt erfolgen. Basierend auf diesen arbeitspunktabhängigen Kleinsignalübertragungsfunktionen lassen sich der Entwurf und die Synthese des Ausgangsspannungsreglers mit bekannten Verfahren [33, 70] durchführen (Abschnitt 5.1.3).

Die Verifizierung der abgeleiteten Gleichungssysteme mit geschalteten Modellen sowie Messergebnissen des Demonstrators sind u.a. Gegenstand von Abschnitt 5.3.

5 Experimentelle Ergebnisse

Die digitale Umsetzung der in Abschnitt 2.3.8 diskutierten Ansteuer- bzw. Regelalgorithmen für den Klasse-D-Wandler sind Gegenstand des folgenden Abschnitts dieses Kapitels. Basierend auf dem in Kapitel 4 abgeleiteten Kleinsignalmodell des Klasse-D-Wandlers erfolgt die Synthese des Spannungsreglers. Ein weiterer Abschnitt beschäftigt sich mit einer detaillierten Beschreibung des aufgebauten Demonstrators. Die Leistungsfähigkeit und Genauigkeit des in Kapitel 4 erstellen Großsignalmodells des Klasse-D-Wandlers wird anhand einer Vielzahl von Messungen am Demonstrator bestätigt.

5.1 Implementierung der Steuer- und Regelalgorithmen

Stand der Technik in Schaltnetzteilen sind analog implementierte PI- bzw. PID-Regler [102, 98]. Für eine gleichzeitige Regelung von Ausgangsstrom- und Ausgangsspannung werden i.A. zwei gegeneinander arbeitende entkoppelte Regler eingesetzt (Abschnitt 5.1.2) [98]. Ein Nachteil dieser einfachen Reglerstrukturen ist deren begrenzte Regeldynamik. Für die Einhaltung vorgegebener Randbedingungen (z.B. Begrenzung der Amplitude der Stellgröße) bedarf es der Implementierung zusätzlicher Überwachungsfunktionen. Cavalcante [64] untersuchte PI-Regler für eine Hochspannungsversorgung mit einer adaptiven Anpassung der Verstärkung. Damit lässt sich eine höhere Reglerdynamik erzielen. Die arbeitspunktabhängigen geeigneten Verstärkungskoeffizienten müssen entweder während des Betriebs ermittelt oder in einem Speicher hinterlegt werden. Im Rahmen der Untersuchungen eines Vollbrückenwechselrichters mit Reihenparallelresonanzkreis erkannte man, dass sich die Parameter des Kleinsignalmodells deutlich in Abhängigkeit des Arbeitspunktes des Systems verändern [121, 93]. Somit sind die errechneten Reglermatrizen jeweils nur für einen kleinen Arbeitsbereich geeignet. Für den Einsatz einer Zustandsregelung besteht damit die Notwendigkeit, die Parameter der Reglermatrix an den jeweiligen Arbeitspunkt des Resonanzwandlers anzupassen [121]. Bei der Zustandsregelung bedarf es außerdem der Messung bzw. Schätzung aller Zustandsgrößen des Systems [33]. Nach Cavalcante [18] lassen sich für die Synthese der PI- bzw. PID-Regler mit adaptiver Anpassung der Reglerverstärkung lineare zeitinvariante Entwurfsstrategien nutzen. Dagegen erfolgt die Auslegung der flachheitsbasierten Regelung, eine weitere alternative Regelungsmethode, auf nichtlinearen komplexeren Berechnungen. Bei einem Vergleich dieser beiden Reglerkonzepte (Vollbrückenwandler mit Reihenparallelresonanzkreis) zeigt der PI-Regler mit veränderlicher Proportionalverstärkung ein besseres transientes Verhalten [18]. Seine Leistungsfähigkeit ist weitestgehend unabhängig vom Arbeitspunkt des Wandlers.

Für die Regelung der Ausgangsspannung bzw. des Ausgangsstromes von Wandlern mit einem Reihenparallelresonanzkreis werden i.A. kaskadierte Regelungskonzepte genutzt (Abbildung 5-1) [104, 93]. Eine innere Schleife mit einer hohen Bandbreite stellt ein an die jeweilige Betriebsfrequenz angepasstes Referenzsignal (Sägezahn, Dreieck) bereit. Die äußere langsamere Schleife steuert den Energieeintrag in den Resonanzkreis. Dies geschieht u.a. durch die Variation des Tastverhältnisses der Leistungshalbleiter. Die Schaltzeitpunkte der Leistungshalbleiter ergeben sich aus einem Vergleich des von der äußeren Schleife bereitgestellten Reglerausgangssignals mit dem von der inneren Schleife erzeugten Referenzsignal. Dabei wird gewährleistet, dass die Betriebsfrequenz immer größer als die belastungsabhängige Resonanzfrequenz der Resonanzkreiselemente ist.

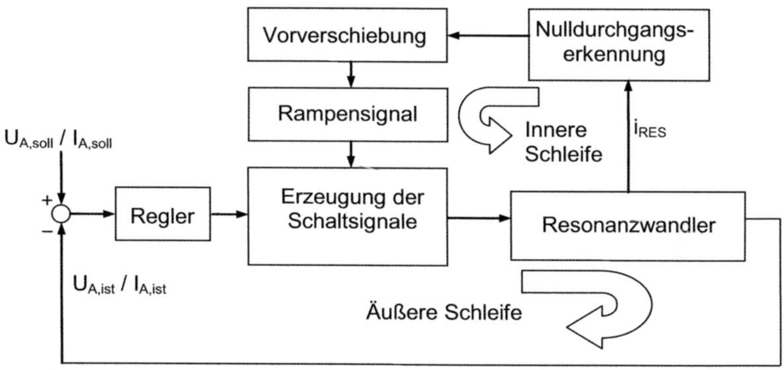

Abbildung 5-1: Blockschaltbild des kaskadierten Regelungskonzeptes

5.1.1 Digitale Regelung in der Stromversorgungstechnik

Die digitale Regelung hat in der Stromversorgungstechnik zur Bewältigung verschiedenster Aufgaben in den letzten Jahren sehr stark an Bedeutung gewonnen [28, 44, 11]. Diese Entwicklung wird gefördert durch Modulationsverfahren und Regelungsphilosophien, die mit Hilfe der Analogtechnik nicht oder nur sehr schwierig implementiert werden können [81, 74]. Der immer stärkere Preisverfall der Digitaltechnik, die steigende Integrierbarkeit verschiedenster Funktionen sowie die stetige Leistungssteigerung der Prozessoren begünstigen den Einzug der Digitaltechnik in der Stromversorgungstechnik. Die digitale Architektur erlaubt eine erhöhte Flexibilität hinsichtlich Änderungen des Regeldesigns [83]. Erforderliche Modifikationen können durch Programmanpassungen realisiert werden und bedürfen keiner umfangreichen kostenintensiven Hardware-Änderungen. Digitale Systeme sind aufgrund ihrer Implementierung rauschunempfindlicher als analoge Systeme. Das Problem der Temperaturabhängigkeit der analogen Systeme existiert bei der Digitaltechnik nicht.

Krein [64] unterscheidet im Zusammenhang mit dem Einsatz der digitalen Regelung in der Leistungselektronik allgemein drei verschiedene Generationen. Der Einsatz der Digitaltechnik für ein automatisches Betreiben und Überwachen von Stromversorgungen charakterisiert die erste Generation. Die Regelungsschleife verbleibt in analoger Technik. Messdaten werden mit Hilfe eines Analog-digital-Wandlers (ADC) digitalisiert und können per Display visualisiert oder an übergeordnete Instanzen weitergeleitet werden. Die bereitgestellte binäre Führungsgröße wird mit einem Digital-analog-Wandler (DAC) dem in analoger Technik implementierten Regler zur Verfügung gestellt. In der zweiten Generation der Digitaltechnik wird die analoge Regelungsschleife digitalisiert. Die im Allgemeinen analoge Regelgröße der Strecke wird mit Hilfe eines ADC in ein binäres Signal umgewandelt. Der in der digitalen Recheneinheit programmierte Regelalgorithmus berechnet unter Nutzung des Eingangssignals eine entsprechende Stellgröße. Diese Stellgröße wird i.a. als pulsweiten moduliertes (PWM) Signal an die Regelstrecke übergeben. Basis der dritten Generation der digitalen Regelung nach Krein [64] sind „digitale Schalter“ mit implementierten Rechenfähigkeiten die den Leistungshalbleiter in Echtzeit ansteuern. Das Schalten des Leistungshalbleiters geschieht dabei nur, wenn Schalthandlungen notwendig sind, um ein vorgegebenes Verhalten der leistungselektronischen Struktur zu erzwingen. Während die erste Generation der digitalen Regelung in der Stromversorgungstechnik weitestgehend umgesetzt wurde, sind vollständig digitale Regelschleifen noch nicht Stand der Technik [64].

Im Rahmen dieser Arbeit wurde ein FPGA („Field Programmable Gate Array“) von Xilinx® als zentrale Recheneinheit eingesetzt. FPGAs sind weiterentwickelte Logikbausteine, die über integrierte Speicher- und Rechenelemente auf einem Chip verfügen [89]. Des Weiteren bieten heute verfügbare FPGA funktionsreiche Ein-

Ausgabeblöcke sowie präzise Taktmanagementsysteme [89]. Mit dem Einsatz von FPGAs in der Regelung und Steuer leistungselektronischer Systeme lassen sich nach [29] zeitkritische Funktionen, die zurzeit in serieller Software programmiert sind von den übrigen weniger zeitkritischen Funktionen entflechten. Dabei werden die Vorteile einer digitalen Steuerung (vollständige Reproduzierbarkeit und Parametrisierbarkeit) nicht aufgegeben. Die dynamischen Eigenschaften der Regelfunktion können auf ein mit der analogen Reglung vergleichbar hohes oder sogar höheres Niveau angehoben werden. Die Funktionsweise und der Aufbau eines FPGA erfordern grundsätzlich andere Programmiermethoden als ein Mikrokontroller oder digitaler Signalprozessor [21]. Als Hochsprache stehen hier „VERILOG“ oder VHDL („Very High Speed Integrated Circuit Hardware Description Language“) zur Verfügung. Mit der Entwicklungsumgebung Xilinx® Integrated Software Environment ISE, ModelSim und Xilinx® Chipscope stehen leistungsfähige Entwicklungswerkzeuge für den Entwurf, zur Simulation und zum Testen von FPGA Designs zur Verfügung. Eingeschränkte Softwareversionen können dabei kostenfrei von Xilinx® bezogen werden. Für Testzwecke vollkommen ausreichend sind diese Softwareversionen für den Industrieeinsatz nur bedingt geeignet.

5.1.2 Umsetzung von Steuerungs- bzw. Regelungskomponenten

Geeignete Ansteuerverfahren (für Wandler mit einem Reihenparallelresonanzkreis) vergleichen eine mit dem Stromverlauf synchronisierte Rampenfunktion mit dem Reglerausgangssignal [104]. Die Schnittpunkte beider Funktionen ergeben die Schaltzeitpunkte der Leistungshalbleiter. Die Rampenfunktion kann auf unterschiedliche Art und Weise erzeugt werden. Eine Möglichkeit ist die Verwendung eines Sägezahns, dessen Amplitude geregelt wird und im eingeschwungenen Zustand unabhängig von der Resonanzfrequenz ist. Der Sägezahn wird mit den Nulldurchgängen des Resonanzstromes synchronisiert. Abbildung 5-2 zeigt ein Blockschaltbild dieses Sägezahngenerators.

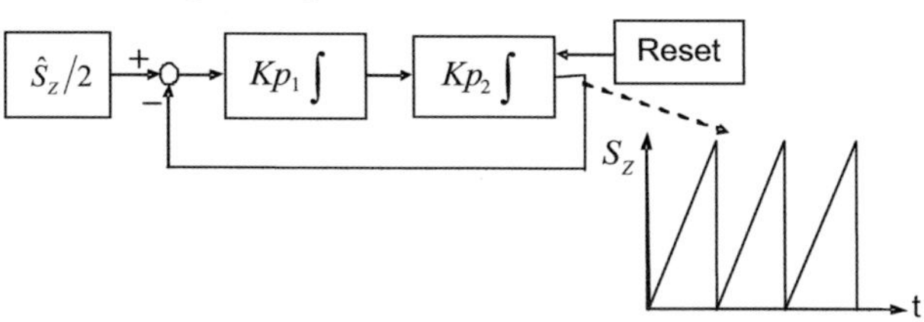

Abbildung 5-2: Blockschaltbild des Sägezahngenerators.

Der Integrator $Kp_2 \int$ wird zurückgesetzt wenn der Resonanzstrom sein Vorzeichen wechselt. Die Schaltsignale der Leistungshalbleiter ergeben sich aus dem Vergleich zwischen dem Reglerausgangssignal und dem Sägezahn. Bei abrupten Lastveränderungen des Resonanzwandlers ändert sich die Resonanzfrequenz sprunghaft. Dies führt wiederum zu einem Über- bzw. Unterschwingen des Sägezahngenerators, das abhängig ist von den Parametern K_{P1} bzw. K_{P2} [91]. Während des dynamischen Vorgangs sind die sich ergebenen Schaltsignale somit fehlerbehaftet (Abbildung 5-1).

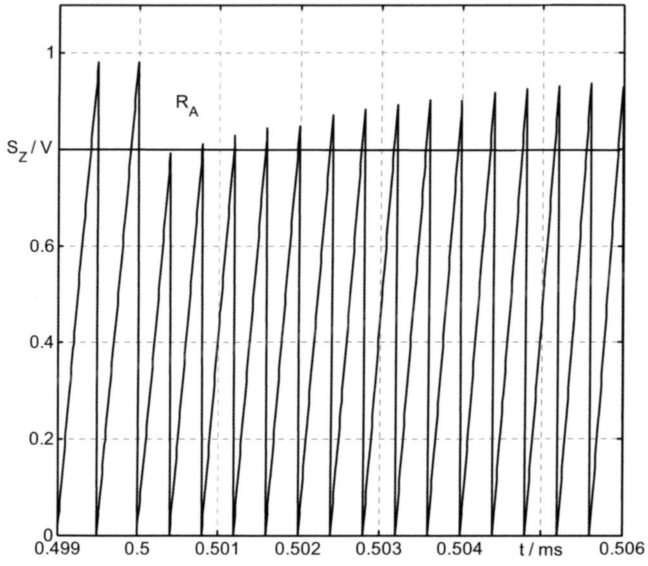

Abbildung 5-3: Simulationsergebnis des Sägezahns bei einer abrupten Frequenzänderung, R_A ist das Reglerausgangssignal.

Schutten [104] berechnet anhand der aktuellen Zustandsgrößen (Resonanzstrom, Spannung des Reihenkondensators und der Ausgangsspannung) eine Rampe. Diese weitere Möglichkeit der Erzeugung eines synchronisierten Rampensignals, hat den Vorteil bei einem Wechsel des Arbeitspunktes des Wandlers innerhalb einer halben Periodendauer den neuen stationären Betriebspunkt zu erreichen. Der Schnittpunkt der Rampe mit dem Reglerausgangssignal ergibt den Schaltzeitpunkt der Leistungshalbleiter. Der Aufwand diese Rampenfunktion in der Analogtechnik bereitzustellen, ist gegenüber dem Sägezahn erheblich größer [98].

Im Rahmen dieser Arbeit wurden unterschiedliche Ansätze für die digitale Umsetzung des Sägezahngenerators untersucht. Eine Möglichkeit besteht in der Anpassung des Reglerausgangssignals an die arbeitspunktabhängige Resonanzfrequenz des Wandlers. Dabei wird die aktuelle Periodendauer T_A ermittelt. Dies lässt sich einfach mit einer digitalen Logik realisieren (Zähler). In der nächsten Periode wird die Periodendauer T_A mit einer Referenz T_R in das Verhältnis gesetzt und mit dem Wert des Reglerausgangs multipliziert:

$$R_{A,a} = T_A \cdot \frac{1}{T_R} \cdot R_A . \tag{5.1}$$

$R_{A,a}$ ist das angepasste Reglerausgangssignal. Die Schaltsignale ermitteln sich aus dem Vergleich zwischen $R_{A,a}$ und dem Sägezahn, dessen Amplitude mit der Betriebsfrequenz variiert. Im Falle eines abrupten Lastsprungs mit den Folgen einer sprunghaften Änderung der Resonanzfrequenz sind die Schaltsignale nach einer halben Schaltperiode wieder korrekt (Abbildung 5-4).

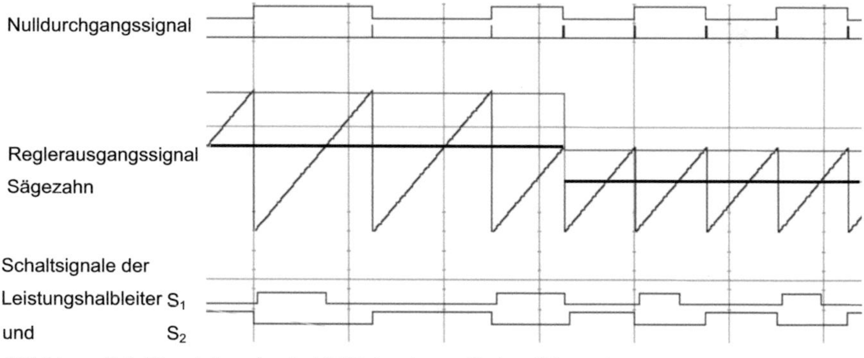

Abbildung 5-4: Simulation des in VHDL implementierten Sägezahns.

Die analoge Umsetzung der gleichzeitigen Regelung des Ausgangsstroms und der Ausgangsspannung von Schaltnetzteilen geschieht i.A. nach der in Abbildung 5-5 gezeigten Schaltungsvariante [98].

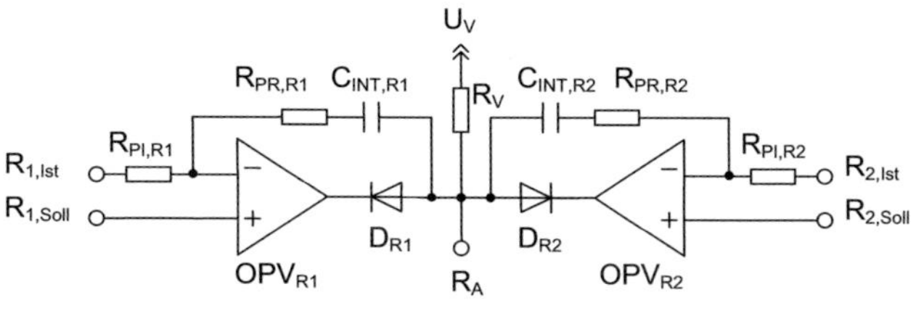

Abbildung 5-5: Analoge Schaltungsvariante des Reglers.

Dargestellt sind zwei gegeneinander, durch die Dioden D_{R1} und D_{R2} entkoppelte, arbeitende Operationsverstärker. Die Beschaltung dieser Verstärker entspricht einem PI-Regler [107]. Die Eingangsgrößen der Regler sind jeweils ihre Soll- und Istwerte. Der Ausgang R_A folgt dem Regler mit dem niedrigeren Ausgangspegel. Die Spannung U_V ist eine Hilfsspannung. Eine „Sättigung" des zu dem Regler mit der höheren Ausgangsspannung gehörigen Kondensators wird durch die Dioden D_{R1} bzw. D_{R2} verhindert. Demzufolge „sättigt" nur der OPV (der jeweilige OPV stellt eine in Abhängigkeit seiner Versorgungsspannung minimale bzw. maximale Ausgangsspannung bereit). Bei einem Lastsprung besteht die Möglichkeit, dass der sich in der „Sättigung" befindliche Regler den Ausgang R_A schnell begrenzen muss, um überhöhte Ausgangsspannungen bzw. Ausgangsströme zu vermeiden. Daher ist es notwendig OPVs mit einer hohen Bandbreite einzusetzen. Bei niedrigen Pegelunterschieden am Eingang eines OPVs reagiert dieser mit einer kleineren als in seinem Datenblatt definierten Slewrate [118]. Um definierte Grenzen der zu regelnden Größe(n) während eines transienten Vorgangs nicht zu überschreiten bedarf es demnach zusätzlicher Schutzschaltungen.

Bei der im Rahmen dieser Arbeit entwickelten digitalen Umsetzung der in Abbildung 5-5 gezeigten Schaltungsvariante wird ein unkontrolliertes Hochlaufen der Integralanteile der Reglerstruktur verhindert. Der Proportional- bzw. der Integralanteil beider PI-Regler (R_1 und R_2) lässt sich parametrisieren.

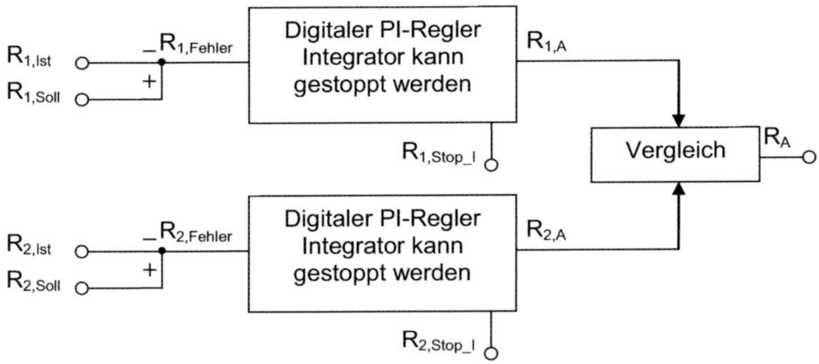

Abbildung 5-6: Blockschaltbild der digitalen Reglerstruktur

Es besteht die Möglichkeit beide Integratoren zu stoppen. Der Ausgang R_A folgt dem Regler mit dem niedrigeren Wert. Das Stoppen des jeweiligen Integrators lässt sich mit dem folgenden Zusammenhang erläutern:

$$\begin{aligned}
&if\ \left(\mathrm{R}_{1,\mathrm{A}} \geq R_{2,A}\right) \wedge \left(R_{1,Fehler} > 0\right) then\ \mathrm{R}_{1,\mathrm{Stop_I}} := 1 \\
&else\ \mathrm{R}_{1,\mathrm{Stop_I}} := 0 \\
&if\ \left(\mathrm{R}_{1,\mathrm{A}} < R_{2,A}\right) \wedge \left(R_{2,Fehler} > 0\right) then\ \mathrm{R}_{2,\mathrm{Stop_I}} := 1 \\
&else\ \mathrm{R}_{2,\mathrm{Stop_I}} := 0
\end{aligned} \tag{5.2}$$

Der zum Regler R_1 gehörende Integrator wird demnach nur angehalten, wenn der Fehler $R_{1,Fehler}$ größer als Null ist und sein Ausgangssignal größer ist als das Ausgangssignal von Regler R_2. Für den Integrator von R_2 gilt nach Gleichung (5.2) ein ähnlicher Zusammenhang.

5.1.3 Synthese der Regler

Für digitale Regelkreise können Optimierungs- und Berechnungsverfahren der analogen Regelungstechnik eingesetzt werden. Voraussetzung für diese quasi-analogen Regelungen ist, dass die Abtastzeit klein gegenüber den dominierenden Zeitkonstanten des Regelkreises sein muss [5.21]. Weiterhin sind für digitale Regelsysteme Verfahren entwickelt worden, die über den Rahmen der analogen Regelungstechnik hinausgehen [29, 74]. Die in der vorliegenden Arbeit eingesetzte zentrale Recheneinheit bietet eine ausreichende Leistungsfähigkeit die Regelung mit der durch die sich selbst einstellende Schaltfrequenz vorgegebenen Periodendauer zu synchronisieren. Eine Verifizierung des gemittelten analytischen Modells des Klasse-D-Wandlers ist Gegenstand von Abschnitt 5.3. Folglich ist ein Entwurf der Regler mit analogen Optimierungs- bzw. Berechnungsverfahren zulässig.

Eine wichtige Rolle spielt die Wahl des Abtastzeitpunktes der Messgröße, um den gleitenden Mittelwert ohne zusätzliche Filter zu gewinnen [125]. Es sollte das Abtasten der Messgröße während oder unmittelbar nach dem Schalten eines Leistungshalbleiters verhindert werden. Ein geeigneter Abtastzeitpunkt im vorliegenden System ist der Nulldurchgang des Resonanzstroms. Durch die Anwendung der Vorverschiebung wird ein Ausschalten der Leistungshalbleiter in diesem Zeitpunkt ausgeschlossen. Bei einer idealen Kommutierung erfolgt das spannungsfreie Einschalten des Leistungshalbleiters S_1 (Abbildung 5-1) im Nulldurchgang des Resonanzstromes. Dies geschieht jedoch ohne eine Messung störende hochfrequente, transiente Schwingungen anzuregen. Der gleitende Mittelwert der Ausgangsspannung U_A lässt sich nun aus dem Mittelwert zweier aufeinander folgender Messungen bestimmen.

Die Regelungsschleife der Ausgangsspannung U_A ist in Abbildung 5-7 dargestellt.

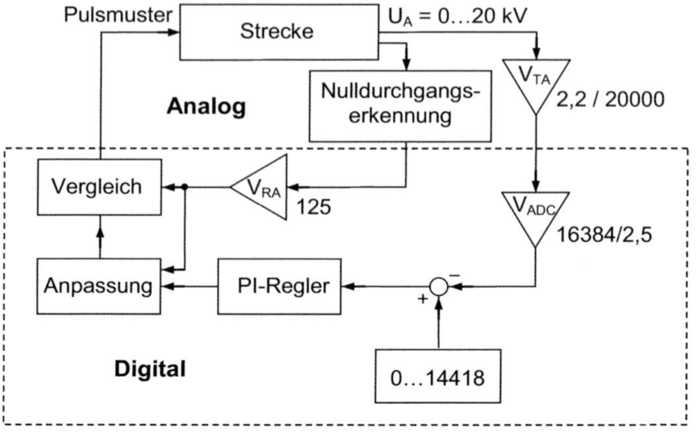

Abbildung 5-7: Regelungsschleife der Ausgangsspannung U_A.

Dabei sind die Verstärkungen folgendermaßen definiert:

- V_{TA} … Widerstandsteiler
- V_{ADC} … Verstärkung des ADC
- V_{RA} … Verstärkung des Sägezahns (Referenz $T_R = 5\ \mu s$, vgl. Gleichung (5.1)).

Die Amplitude des Reglerausgangssignals wird in Abhängigkeit der Periodendauer des Resonanzstromes entsprechend Gleichung (5.1) angepasst und mit dem Sägezahn verglichen. Das daraus entstehende Pulsmuster wird der Strecke zugeführt.

Mit den definierten Verstärkungen und den in Abschnitt 4.1 aufgestellten arbeitspunktabhängigen Kleinsignalübertragungsfunktionen lassen sich Bode-diagramme erstellen (Abbildung 5-8). Diese Diagramme geben Auskunft über die Verstärkung und Phasenlage der Übertragungsfunktion bei verschiedenen Frequenzen. Mit diesen Informationen lassen sich u.a. Regler synthetisieren [33, 70].

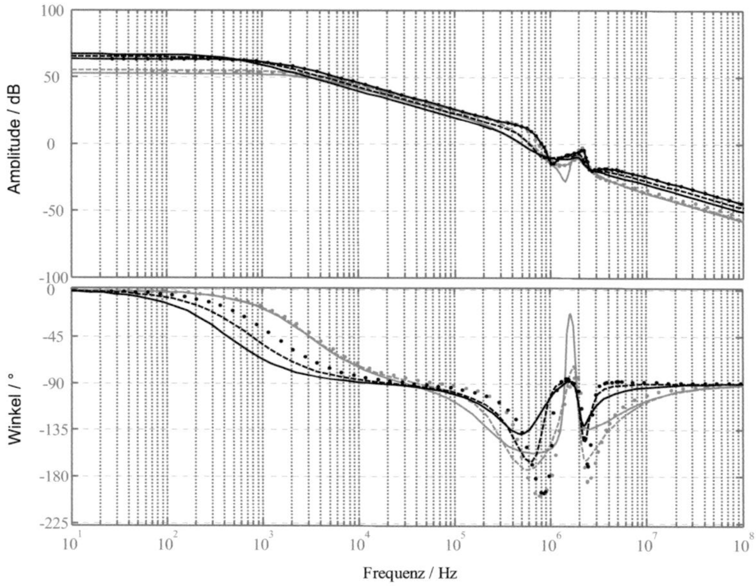

Abbildung 5-8: Bodediagramme der offenen Strecke für verschiedene Arbeitspunkte.

Die verschiedenen Darstellungen der Abbildung 5-8 entsprechen den folgenden Arbeitspunkten:

- $U_A = 20\ kV$, $R_L = 0{,}5\ M\Omega$, grau,
- $U_A = 10\ kV$, $R_L = 0{,}5\ M\Omega$, grau gestrichelt,
- $U_A = 5\ kV$, $R_L = 0{,}5\ M\Omega$, grau gepunktet,
- $U_A = 20\ kV$, $R_L = 5{,}0\ M\Omega$, schwarz,
- $U_A = 10\ kV$, $R_L = 5{,}0\ M\Omega$, schwarz gestrichelt sowie
- $U_A = 5\ kV$, $R_L = 5{,}0\ M\Omega$, schwarz gepunktet.

Allgemeine Entwurfskriterien für einen Regler sind eine Winkelreserve von 60° bei der Durchtrittsfrequenz und eine Dämpfung der Amplitude von -6 dB bei einem Winkel von 180° [70]. Folgende Parameter des Spannungsreglers wurden unter Berücksichtigung der zusätzlichen Streckenverstärkungen (Abbildung 5-7) gewählt:

Proportionalverstärkung $K_P = 0{,}2$, Nachstellzeit $T_N = 0{,}8\ 10^{-3}\ s$.

Damit lassen sich die das Verhalten der geschlossenen Strecke beschreibenden Bodediagramme erstellen (Abbildung 5-9). Die Bandbreite der Reglung kann mit 10 kHz abgeschätzt werden. Die Ableitung der Koeffizienten des Stromreglers erfolgt gleichsam. An dieser Stelle wird auf die Bestimmung dieser Koeffizienten verzichtet.

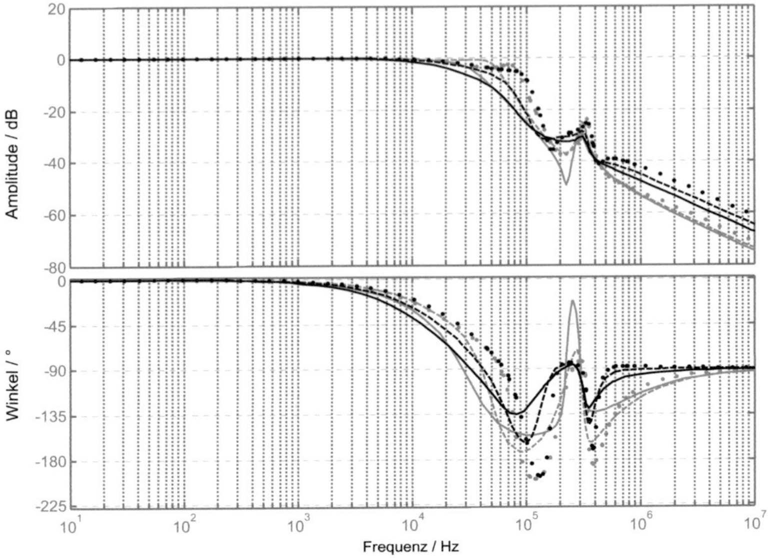

Abbildung 5-9: Bodediagramme der geschlossenen Strecke für verschiedene Arbeitspunkte (gleiche Graustufen wie Abbildung 5-8).

5.2 Aufbau des Resonanzwandlers

Die elektrischen Daten des aufgebauten Wandlers (Abbildung 5-10) werden im Folgenden aufgeführt:

- variable Ausgangsspannung 0 … 20 kV,
- variable Ausgangsleistung 0 … 800 W,
- variabler Ausgangsstrom 0 … 40 mA,
- Eingangsspannung 360 V … 380 V,
- Welligkeit der Ausgangsspannung 200 V sowie
- Schaltfrequenz im Arbeitspunkt 200 kHz.

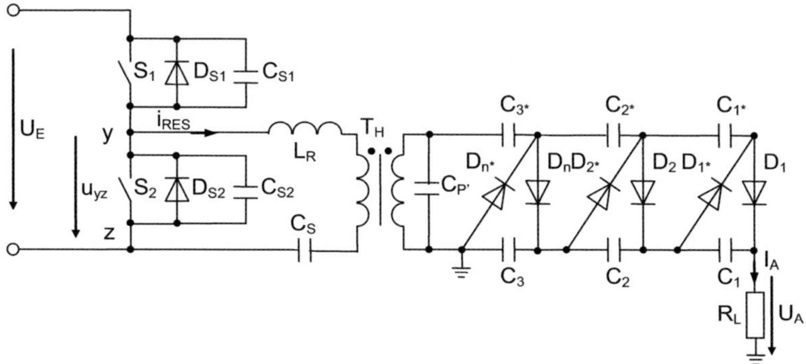

Abbildung 5-10: Schaltung des aufgebauten Wandlers.

Die Werte der Resonanzkreiselemente folgen dem ersten Entwurfsergebnis nach Abschnitt 4.1.2:

$$L_R = 55\ \mu H,\ C_S = 25\ nF,\ C_P = 17{,}5\ nF.$$

Der Gleichanteil der Kondensatorspannung u_{Cs} entspricht dem Gleichanteil der Wechselrichterausgangsspannung und lässt sich mit Gleichung (2.35) Abschnitt 2.3.6 berechnen:

$$U_{CS(0)} = \frac{U_E}{2} \cdot D_T = 142\ V.$$

Die maximale Wechselspannungsbelastung des Reihenkondensators kann mit Hilfe des Simulationsergebnisses (Abbildung 4-6, Abschnitt 4.1.3) abgeschätzt werden:

$$\hat{U}_{Cs(1)} \approx 280\ V.$$

Die zulässige Wechselspannungsbelastung der für diese Anwendung sehr gut geeigneten Folienkondensatoren (FKP-1-Kondensatoren) reduziert sich bei einem Betrieb mit hohen Frequenzen [123]. Die Ursache liegt in der schlechten Wärmeleitfähigkeit der geschichteten Struktur und der Kunststoffumhüllung des Kondensators. Zu den Leitverlusten in den Metallfolien durch die Strombelastung kommen mit steigender Betriebsfrequenz und Spannungsbelastung zusätzliche dielektrische Verluste hinzu. Um einen daraus möglicherweise entstehenden Wärmedurchschlag sicher zu verhindern, legt der Hersteller eine maximal zulässige innere Erwärmung der FKP-1-Kondensatoren auf $10\ K$ fest [123]. Für einen sicheren Betrieb und eine Gesamtkapazität von $C_S = 25\ nF$ wurden zwei Kondensatoren mit

$C = 10\,nF$ in Reihe geschaltet. Fünf Reihen mit jeweils zwei in Reihe geschalteten Kondensatoren wurden parallel angeordnet.

Der Aufbau der Reihenresonanzdrossel erfolgte unter Berücksichtigung eines maximalen Resonanzstromes vom $\hat{I}_{RES} = 12\,A$ und einer erforderlichen Induktivität von $L_R = 55\,\mu H$ in planarer Bauweise (Abbildung 5-11). Neben der geringen Bauhöhe ist bei dieser Technologie eine gute Kühlung durch Anbindung des Kernmaterials an einen Kühlkörper möglich. Kernmaterialien in planarer Bauform besitzen den Vorteil einer großen Querschnittsfläche A_e bei einer kleinen magnetischen Länge l_e.

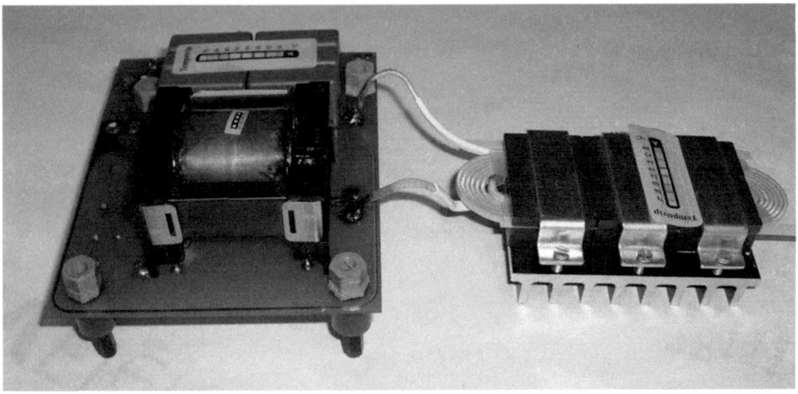

Abbildung 5-11: Resonanzkreiselemente L_R und C_S sowie Hochspannungstransformator.

Die Dimensionierung des Transformators erfolgte unter Berücksichtigung eines benötigten Übersetzungsverhältnisses von $n_T = 13$ einer maximalen Strombelastung der Primärwicklung von $\hat{I}_{RES} = 12\,A$ und der Ausgangsspannung $\hat{U}_{TS} = 3{,}5\,kV$. Wegen der hohen Spannungsbelastung wurde der Transformator in Gießharz getränkt.

Die Summe der Wicklungskapazität des Hochspannungstransformators und der parasitären Eingangskapazität der Hochspannungskaskade wurde mit $C_{P'} = 100\,pF$ bestimmt. Transformiert auf die Primärseite des Hochspannungstransformators beträgt die parallel angeordnete Kapazität $C_P = 16{,}9\,nF$. Somit werden keine weiteren diskreten Kondensatoren benötigt (Abschnitt 4.1.3).

Als Leistungshalbleiter wurden CoolMOS™-Transistoren von Infineon ausgewählt (Abbildung 5-12). Diese besitzen trotz der hohen Sperrfähigkeit ($U_{DS,max} = 600\,V$) einen sehr geringen Bahnwiderstand ($R_{DS(on)} = 0{,}19\,\Omega$) [45]. Die Kapazität der parasitären Kondensatoren wird im Datenblatt mit $C_{PM} = 750\,pF$ angegeben.

Abbildung 5-12: Klasse-D-Wechselrichter.

Der für die Umladung der Kapazitäten benötigte Abschaltstrom I_{vor} lässt sich folgendermaßen berechnen (Abbildung 5-13).

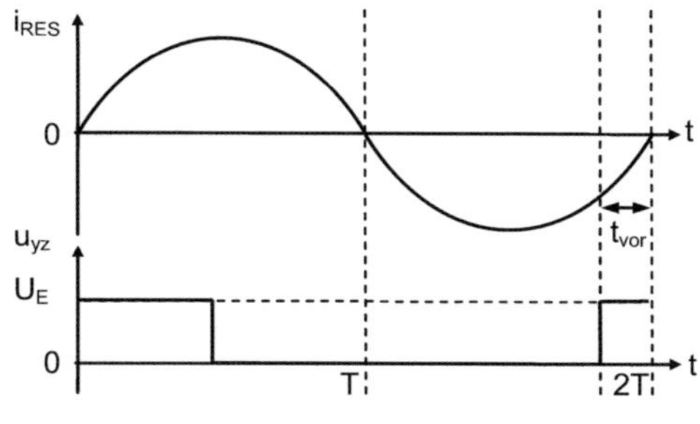

Abbildung 5-13: Berechnung der Vorverschiebung.

Für den sinusförmigen Strom gilt:

$$i_{RES} = \hat{I}_{RES} \sin(\omega_s t). \tag{5.3}$$

Die in den parasitären Kondensatoren C_{PM} der Leistungshalbleiter vorhandene Ladung beträgt:

$$Q_{PC} = 2 \cdot C_{PM} \cdot U_E. \tag{5.4}$$

Mit

$$\begin{aligned} Q_{PC} &= -\int_{2T-t_{vor}}^{2T} \hat{I}_{RES} \sin(\omega_s t)\cdot dt \\ &= \frac{\hat{I}_{RES}}{\omega_s}\left(1-\cos(\omega_s t_{vor})\right) \end{aligned} \tag{5.5}$$

und der Gleichung (5.4) folgt:

$$1 = \left(1 - \frac{2C_{PM}U_E}{\hat{I}_{RES}}\right)^2 + \left(\frac{I_{vor}}{\hat{I}_{RES}}\right)^2 . \tag{5.6}$$

Somit gilt für I_{vor}:

$$I_{vor} = 2\sqrt{C_{PM}U_E\hat{I}_{RES}\omega_s - (C_{PM}U_E\omega_s)^2} . \tag{5.7}$$

Für eine optimale Kommutierung (Abschnitt 2.3.7) wird daher eine Vorverschiebungs-zeit t_{vor}

$$t_{vor} = \frac{1}{\omega_s}\cdot\arcsin\left(\frac{2\sqrt{C_{PM}U_E\hat{I}_{RES}\omega_s - (C_{PM}U_E\omega_s)^2}}{\hat{I}_{RES}}\right) \tag{5.8}$$

benötigt. Der entsprechende Vorverschiebungswinkel beträgt:

$$\varphi_{vor} = 360°\cdot t_v \cdot f_s . \tag{5.9}$$

Für den Nennarbeitspunkt wird ein idealer Vorverschiebungswinkel mit 19,8° berechnet. Mit der Berücksichtigung von Tot- und Signallaufzeiten wurde im Abschnitt 4.1.2 für den Entwurf φ_{vor} mit *25°* gewählt.

Die Speisung des Wandlers erfolgt mit einem netzfreundlichen gepulsten einphasigen Gleichrichter. Als Bezugspotential für die Messdatenverarbeitung, die Ansteuerlogik sowie die Regelung wird das Massepotential der Greinacher-Kaskadenschaltung gewählt. Die Ansteuerung der MOSFETs erfolgt potentialfrei mit digitalen kapazitiven Kopplern [117]. Es werden der Ausgangsstrom, die Ausgangsspannung und der Resonanzstrom gemessen. Die Messung der Ausgangsspannung erfolgt mit einem speziellen Hochspannungsteiler. Der Ausgangsstrom wird mit Hilfe eines Shunts gemessen. Ein vom Autor entwickelter Stromwandler wurde für die Messung des Resonanzstromes i_{RES} eingesetzt. Dieser sorgt für eine Potentialtrennung zwischen dem Resonanzkreis und des Bezugspotentials der Messdatenverarbeitung.

Die digitale Wandlung und Anpassung der analogen Messsignale erfolgte mit einer im Rahmen dieser Arbeit vom Autor entwickelten Messplattform (Abbildung 5-14). Mit Hilfe eines Steckers wurde diese Leiterplatte mit einer gekauften Entwicklungsplattform (Abbildung 5-15) verbunden.

Abbildung 5-14: Messplattform.

Abbildung 5-15: Entwicklungsplattform mit FPGA SPARTAN™ 3E von Xilinx®.

5.3 Verifizierung des Großsignalmodells

In den folgenden Tabellen (5-1 – 5-3) werden Messwerte des aufgebauten Demonstrators und Resultate des Großsignalmodells aufgeführt. Ausgewählte den jeweiligen Arbeitspunkten entsprechende Messwertverläufe werden zeigt. Die Farben der Abbildungen korrespondieren mit den Messdaten:

- grau (▫) → Ausgangsspannung (5 kV pro Skalenteilung),
- grau (∘) → Resonanzstrom (5 A pro Skalenteilung),
- schwarz → Spannung des Leistungshalbleiter S_1 (Abbildung 5-10) sowie
- grau → Spannung des Leistungshalbleiter S_2 (100 V pro Skalenteilung).

Die Auflösung der Zeitachse beträgt 1 µs pro Skalenteilung. Gespeist wurde der Demonstrator mit einer Gleichspannung von $U_E = 380\ V$.

Tabelle 5-1: Gegenüberstellung der Messwerte des Demonstrators mit den Resultaten des Großsignalmodells für eine Last $R_L = 490\ k\Omega$.

	U_A / kV	$\hat{I}_{RES} / A$	f_S / kHz	D_T	$\varphi_{vor} /°$
Messung	21,2	13,3	189	0,76	27
Berechnung	21,2	11,3	192	0,84	23
Messung	9,7	6,6	208	0,47	19
Berechnung	9,8	5,5	215	0,51	17

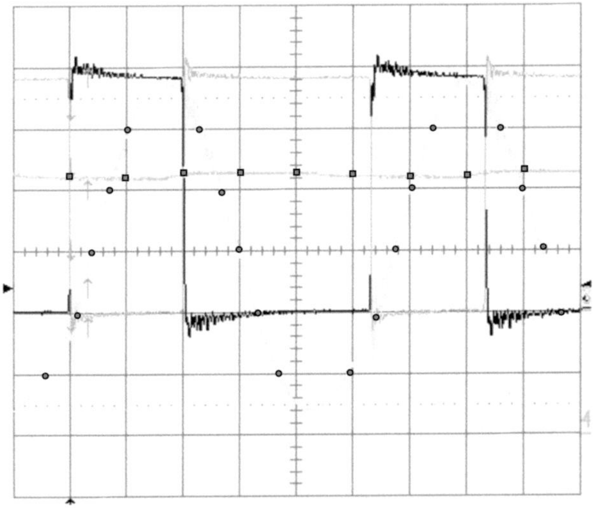

Abbildung 5-16: $R_L = 490\ k\Omega$, $U_A = 21{,}2\ kV$, $P_A \approx 900\ W$.

Die Spannungen der Leistungshalbleiter unterliegen im Schaltmoment einer hochfrequenten Schwingung mit vernachlässigbarer Amplitude (Abbildung 5-16). Deren Ursache ist ein Schwingkreis bestehend aus den parasitären Leitungsinduktivitäten zwischen den Leistungshalbleitern und den Zwischenkreiskondensatoren sowie den parasitären Kapazitäten des Wechselrichters.

Tabelle 5-2: Gegenüberstellung der Messwerte des Demonstrators mit den Resultaten des Großsignalmodells für eine Last $R_L = 650\ k\Omega$.

	U_A / kV	$\hat{I}_{RES}$ / A	f_S / kHz	D_T	φ_{vor} /°
Messung	20,5	12,2	196	0,67	28
Berechnung	20,4	10,1	200	0,73	24
Messung	9,5	6,0	217	0,49	32
Berechnung	9,5	5,1	226	0,55	29

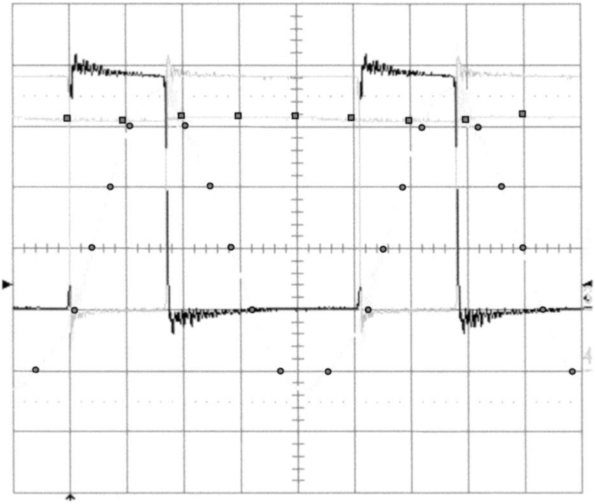

Abbildung 5-17: $R_L = 650\ k\Omega,\ U_A = 20{,}5\ kV,\ P_A \approx 650\ W$.

Tabelle 5-3: Gegenüberstellung der Messwerte des Demonstrators mit den Resultaten des Großsignalmodells für eine Last $R_L = 1{,}01\ M\Omega$.

	U_A / kV	$\hat{I}_{RES}$ / A	f_S / kHz	D_T	φ_{vor} /°
Messung	20,1	10,6	202	0,55	24
Berechnung	20,2	8,6	204	0,63	22
Messung	10,3	5,7	220	0,38	25
Berechnung	10,3	4,8	227	0,44	23

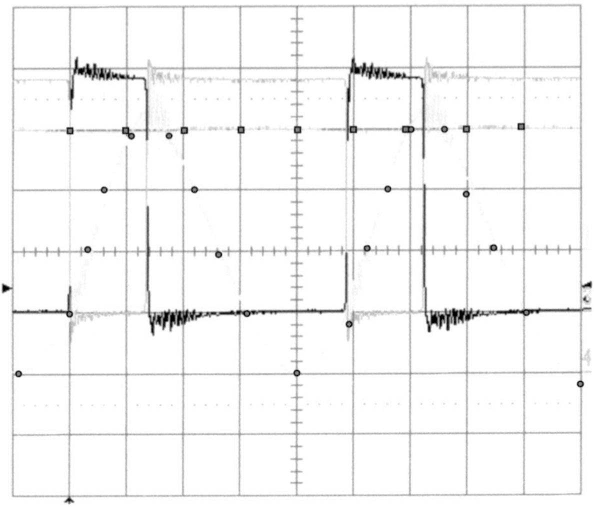

Abbildung 5-18: $R_L = 1{,}01\ M\Omega$, $U_A = 20{,}1\ kV$, $P_A \approx 400\ W$.

Die Messwerte zeigen eine gute Übereinstimmung mit den Berechnungen. Abweichungen ergeben sich aus folgenden Gründen:

- Die Werte der Resonanzelemente speziell die Kapazität des Parallelkondensators (C_P setzt sich im vorliegenden Fall nur aus den parasitären Kapazitäten der Greinacher-Kaskadenschaltung und des Hochspannungstransformators zusammen) lassen sich mit zweckmäßigem Aufwand nicht exakt bestimmen.
- In der Modellbildung wurden verschiedene Näherungen eingeführt.
- Die Messdatenerfassung erfolgte mit Hilfe eines Oszilloskops.

Aufgenommene Messwerte im Leerlauf für verschiedene Ausgangsspannungen werden in der Tabelle 5-4 aufgeführt.

Tabelle 5-4: Messergebnisse des Demonstrators im Leerlauf.

$U_A\,/\,kV$	$\hat{I}_{RES}\,/\,A$	$f_S\,/\,kHz$	D_T	$\varphi_{vor}\,/°$
19,1	7,1	213	0,28	21
9,6	3,6	226	0,21	15

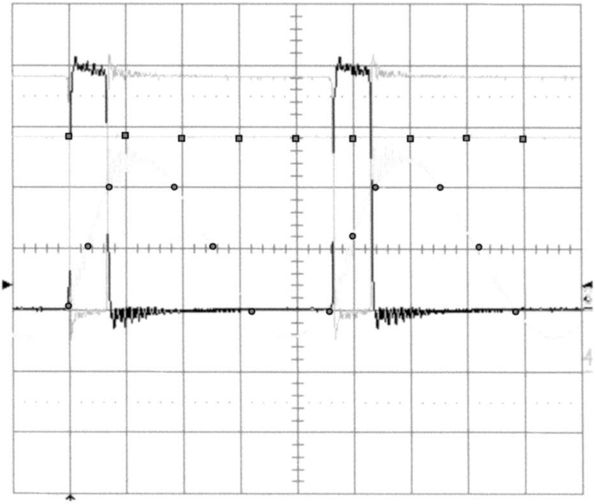

Abbildung 5-19: $R_L \rightarrow \infty$, $U_A = 19{,}1\ kV$.

Messverläufe bei einer Ausgangsspannung von $U_A = 3{,}1\ kV$ und einer Widerstandslast von $R_L = 1{,}01\ M\Omega$ zeigt Abbildung 5-20. Dabei beträgt die sich selbst einstellende Schaltfrequenz $f_s = 239\ kHz$.

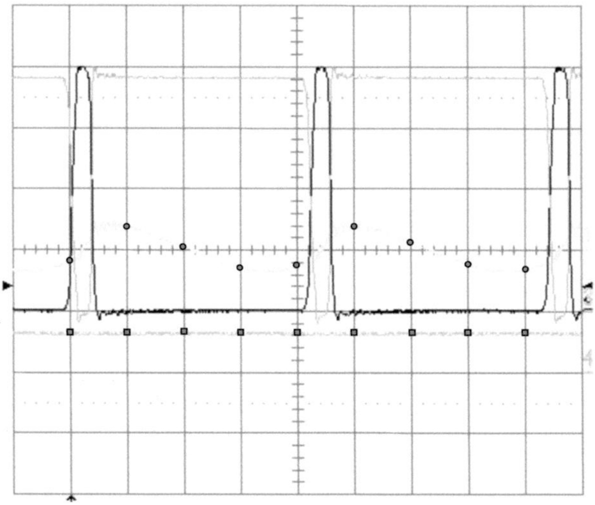

Abbildung 5-20: $R_L = 1{,}01\ M\Omega$, $U_A = 3{,}1\ kV$, $P_A \approx 10\ W$.

Die Bewertung des dynamischen Verhaltens des analytischen Modells basiert auf einem Vergleich des Verlaufes der Ausgangsspannung mit der des geschalteten Modells während einer sprunghaften Änderung der Widerstandlast (Abbildung 5-21).

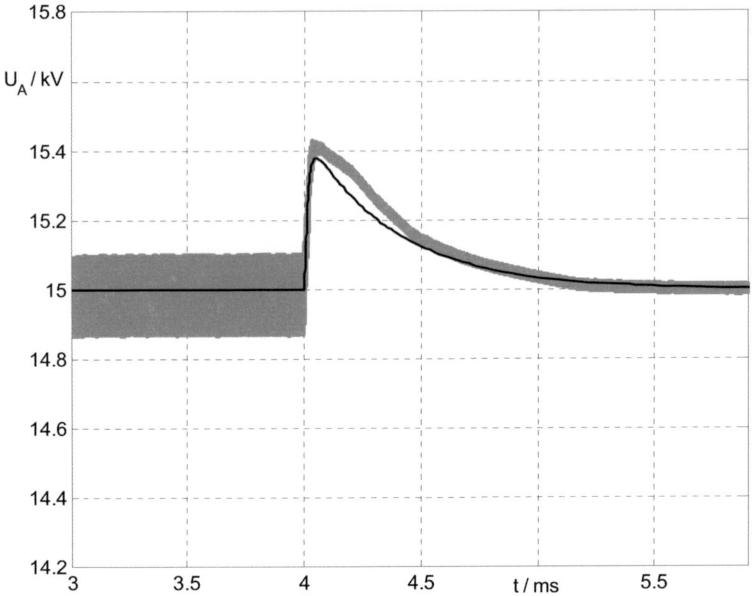

Abbildung 5-21: Verläufe der Ausgangsspannung des geschalteten Modells (grau) mit dem analytischen Modell (schwarz) bei einer sprunghaften Veränderung des Lastwiderstandes (R_L *0,56 MΩ → 5 MΩ*).

Das transiente Verhalten der Ausgangsspannungen beider Modelle ist bei einer sprunghaften Erhöhung des Lastwiderstandes nahezu identisch. Die Ausregelzeit t_{AR} beträgt etwa 0,5 ms, das Überschwingen 400 V bzw. 2,7% bezogen auf eine Spannung von 15 kV.

6 Zusammenfassung

Gegenstand der vorliegenden Arbeit ist die Untersuchung von Hochspannungsversorgungen, die eine variable Ausgangsspannung von maximal 100 kV in einem Leistungsbereich von 50 W bis 10 kW bereitstellen. Bei diesen Anwendungen handelt es sich um einen sehr speziellen Teil des gesamten stetig wachsenden Stromversorgungsmarktes. Für die Entwicklung einer neuen Generation von Hochspannungsversorgungen mit einer deutlich erhöhten Leistungsdichte ist der Einsatz modernster Werkstofftechnologien, hochintegrierter Schaltkreise (rekonfigurierbare Logikbausteine) und der digitalen Regelung erforderlich. Bezogen auf den Stand der Technik ist es somit möglich den Wirkungsgrad zu erhöhen, ein besseres Führungs- und Störgrößenverhalten sowie erweiterte Funktionalitäten (Prozesssteuerung) der Hochspannungsversorgungen zu realisieren. Für die Auswahl geeigneter Schaltungen war es erforderlich einen Variantenvergleich möglicher Resonanzwandler durchzuführen. Die notwendige Optimierung der gewählten Schaltungskonfigurationen beinhaltete die Analyse, Modellbildung, Simulation sowie Verifikation mit Messungen am Demonstrator.

Der Betrieb von Schaltnetzteilen für die Erzeugung hoher Ausgangsspannungen wird wesentlich durch die parasitären Elemente des Transformators und des Hochspannungsgleichrichters beeinflusst. Resonanzwandlerstrukturen nutzen in Abhängigkeit ihres Aufbaus diese parasitären Elemente als passive Bauelemente und ermöglichen im Betrieb eine Schaltentlastung der Leistungshalbleiter. Eine damit verbundene Reduktion der Schaltverluste führt zu einer Verkleinerung der Kühlkörper der Leistungshalbleiter und damit zu einem geringeren Bauvolumen bzw. zu einer höheren Leistungsdichte des Resonanzwandlers. Die Betriebsfrequenz des Resonanzwandlers kann mit Hilfe der Schaltentlastung (spannungsfreies Einschalten bzw. stromloses Ausschalten) deutlich gesteigert werden, ohne auch die dynamischen Anforderungen an die Leistungshalbleiter zu erhöhen. Damit lässt sich die Baugröße der passiven Komponenten des Resonanzkreises verringern. Darüber hinaus ergibt sich eine Reduktion der Ausgangskapazität und damit eine Erhöhung der Regeldynamik.

Im Rahmen der vorliegenden Arbeit erfolgte eine Klassifizierung der für die Hochspannungserzeugung geeigneten Schaltungen basierend auf der Anzahl der Leistungshalbleiter:

- Einschaltertopologie (Sperrwandler im Resonanzmodus, Eintaktsinuswandler und Klasse-E-Wandler),
- Zweischaltertopologie (Gegentaktsinuswandler, Halbbrückenwandler und Klasse-D-Wandler),
- Vierschaltertopologie (Resonanzwandler mit H-Wechselrichter (Vollbrücke)) sowie
- Wandlerkonzepte mit mehr als vier Schaltern (Mehrphasige Reihenresonante DC-DC Wandler).

Im Bereich der Einschaltertopologien lässt sich feststellen, dass der Eintaktsinuswandler für das Bereitstellen einer hohen einstellbaren Ausgangsspannung bei der geforderten Lastvariation (stabiler Betrieb von Kurzschluss bis Leerlauf) eine geeignete Topologie ist. Werden jedoch gewisse Einschränkungen (konstante Ausgangsspannung) zugelassen, sind die beiden anderen betrachteten Strukturen (Sperrwandler im Resonanzmodus und Klasse-E-Wandler) interessante Schaltungsalternativen. Die Erhöhung der Betriebsfrequenz des Eintaktsinuswandlers über 100 kHz hinaus und die damit verbundene Reduktion der Größe der passiven Bauelemente des Resonanzkreises, sowie eine Verringerung der Kapazität des Ausgangsfilters sind aber nur begrenzt möglich. Das Ergebnis der Untersuchungen der Zweischaltertopologien ergab, dass der asymmetrisch angesteuerte Klasse-D-Wechselrichter mit Reihenparallelresonanzkreis für das Bereitstellen einer hohen einstellbaren Ausgangsspannung und im Leistungsbereich zwischen 100 W und 1 kW die optimale Topologie ist. Die parasitären Elemente des Hochspannungstransformators und der Spannungsvervielfacherschaltung werden vollständig für den Resonanzkreis genutzt. Eine Erhöhung der Betriebsfrequenz im Nennarbeitspunkt über 100 kHz hinaus ist möglich. Preiswerte und sehr gut verfügbare 500-600 V MOSFETs können als Leistungshalbleiter eingesetzt werden. Für Ausgangsleistungen größer als 1 kW wird der H-Wechselrichter (Vollbrückenwechselrichter) mit Reihenparallelresonanzkreis für die Erzeugung hoher Ausgangsspannungen bevorzugt eingesetzt.

Die Höhe der Ausgangsspannung des Hochspannungstransformators in Schaltnetzteilen ist auf maximal 15 kV begrenzt. Bei Ausgangsspannungen von mehr als 15 kV und Ausgangsströmen größer als 1 mA wird die Greinacher-Kaskadenschaltung als bevorzugte Variante der Spannungsvervielfacherschaltungen eingesetzt. Die Beschreibung des stationären und dynamischen Verhaltens der Hochspannungsgleichrichterschaltung erfolgte. In diesem Zusammenhang wurde gezeigt, dass sich das dynamische Verhalten der Greinacher-Kaskadenschaltung durch eine Verstärkung und einen Tiefpass erster Ordnung modellieren lässt. Es wurde erstmalig der Nachweis erbracht, dass ein aus Aluminiumoxid bestehendes Basismaterial als hochisolierender Verdrahtungsträger mit sehr guten thermischen Eigenschaften in einem Hochspannungsgleichrichter bzw. in einer Spannungsvervielfacherschaltung eingesetzt werden kann.

Für die Ableitung eines analytischen Modells resonant schaltender leistungselektronischer Systeme wird i.A. eines der drei folgenden Konzepte benutzt:

- Verallgemeinerte Zustandsraummittelwertbildung
- „Sampled Data Method“ sowie
- Approximate Circuit Technique“.

Die verallgemeinerte Zustandsraummittelwertbildung bietet einen günstigen Kompromiss zwischen dem mathematischen Aufwand der Berechnungen und der Genauigkeit der Ergebnisse. Der Reihenparallelresonanzkreis hat die Wirkung eines schmalbandigen Bandpassfilters mit einer Dämpfung des Sperrbereichs. Somit lassen sich die Ströme und Spannungen des Resonanzkreises mit hinreichender Genauigkeit über die Grundschwingungsanteile der entsprechenden komplexen Fourierreihe beschreiben. Damit genügt es für das ermittelte analytische Modell einen aus fünf Zustandsgrößen bestehenden Zustandsvektor einzuführen. Mit Hilfe des abgeleiteten analytischen Modells des Klasse-D-Wandlers lässt sich dessen dynamisches Verhalten beschreiben. Basierend auf diesem nichtlinearen Gleichungssystem kann in Abhängigkeit des Arbeitspunktes ein linearisiertes Kleinsignalmodell erstellt werden. Mit Hilfe dieses Modells lassen sich der Entwurf und die Synthese des Ausgangsspannungsreglers mit bekannten Verfahren durchführen. Die Leistungsfähigkeit und Genauigkeit des erstellten analytischen Modells des Klasse-D-Wandlers wurde anhand einer Vielzahl von Messungen am Demonstrator bestätigt. Der Vergleich eines in einem Schaltungssimulator (PLECS) implementierten Modells während einer sprunghaften Änderung der Widerstandlast erfolgte mit dem analytischen Modell. Das transiente Verhalten der Ausgangsspannungen beider Modelle ist nahezu identisch.

Der für den asymmetrisch angesteuerten Klasse-D-Wandler entwickelte Entwurfsalgorithmus bietet die Möglichkeit in kurzer Zeit einen ersten Demonstrator zu erhalten. Ausgehend vom Ergebnis des ersten Designs lassen sich bei einer Verletzung der Vorgaben und Randbedingungen weitere Iterationen durchführen. Die Ergebnisse einer Simulation des geschalteten Modells verifizieren die für den Dimensionierungsprozess abgeleiteten Gleichungen. Der Aufbau des Demonstrators erfolgte basierend auf dem Entwurfsergebnis. Messungen des stationären Verhaltens des Klasse-D-Wandlers bestätigten die Ergebnisse der geschalteten Simulation.

Geeignete Ansteuerverfahren (für Wandler mit einem Reihenparallelresonanzkreis) vergleichen eine mit dem Stromverlauf synchronisierte Rampenfunktion mit dem Reglerausgangssignal. Die Schnittpunkte beider Funktionen ergeben die Schaltzeitpunkte der Leistungshalbleiter. Für eine Umsetzung der Rampenfunktion mit analoger Schaltungstechnik wird ein Sägezahn implementiert, dessen Amplitude geregelt wird und im eingeschwungenen Zustand unabhängig von der Resonanzfrequenz ist. Bei der digitalen Umsetzung des Sägezahns wird das Reglerausgangssignal auf das Verhältnis einer Referenzfrequenz zu der aktuellen Schaltfrequenz normiert. Die Ausregelzeit der digital implementierten Rampe nach einer sprungartigen Änderung der Resonanzfrequenz beträgt nur eine halbe Periodendauer des Resonanzstromes. Sie ist damit im Vergleich zu der analogen Schaltungsvariante um ein Vielfaches geringer.

Mit Hilfe einer asymmetrischen Ansteuerung der Leistungshalbleiter des Klasse-D-Wandlers lässt sich die Grundschwingung der Wechselrichterausgangsspannung variieren und damit die Ausgangsspannung der Hochspannungsversorgung regeln. Dieses neuartige Ansteuerverfahren hat gegenüber konventionellen Verfahren den Vorteil einer geringeren Änderung der Schaltfrequenz im Teillastbereich, der bei der Variation der Ausgangsspannung besonders deutlich wird. Zur Gewährleistung eines überresonanten Schaltens in jedem zulässigen Arbeitspunkt ist es notwendig, den Wechselrichter mit einer weit über die jeweilige lastabhängige Resonanzfrequenz erhöhten, festen Betriebsfrequenz zu betreiben. Das Spannungsübertragungsverhältnis des Resonanzkreises ist daher schlechter. Der daraus resultierende erhöhte Resonanzstrom verringert den Wirkungsgrad des Resonanzwandlers. Eine höhere Blindleistung wird in den Resonanzkreiselementen gespeichert. Erfolgt hingegen der Betrieb mit einer variablen Schaltfrequenz, angepasst an den jeweiligen Arbeitspunkt, lässt sich die im Resonanzkreis gespeicherte Energie verringern und die Amplitude des Resonanzstromes reduzieren. Eine aus der Literatur für diesen Resonanzwandler bekannte Methode der Frequenzanpassung: „self sustained oscillation above the resonant frequency“ [91], beruht auf einer Synchronisation der Schaltsignale der Leistungshalbleiter mit den Nulldurchgängen des Resonanzstromes.

Im Rahmen dieser Arbeit wird ein FPGA („Field Programmable Gate Array“) von Xilinx® als zentrale Recheneinheit eingesetzt. FPGAs sind weiterentwickelte Logikbausteine, die über integrierte Speicher- und Rechenelemente auf einem Chip verfügen. Heute verfügbare FPGAs bieten funktionsreiche Ein-Ausgabeblöcke sowie präzise Taktmanagementsysteme. Die Funktionsweise und der Aufbau eines FPGA erfordern grundsätzlich andere Programmiermethoden als ein Mikrokontroller oder digitaler Signalprozessor. In das FPGA wurde die gesamte Ansteuerung bzw. Regelung des Klasse-D-Wandlers implementiert. Die dafür benötigte digitale Umsetzung der Steuergrößen und Regleralgorithmen wurde gezeigt.

Erheblicher Forschungsbedarf besteht hinsichtlich des Einsatzes von alternativen Leiterplattenmaterialien als hochisolierender Verdrahtungsträger in der Spannungsvervielfacherschaltung. Es stehen verschiedene in der Aufbau- und Verbindungstechnik etablierte Montagetechnologien bereit. Während gängige SMD-Bauformen üblicherweise automatisch bestückt werden, sollte bei Sonderbauformen und geringen Stückzahlen auch die manuelle Bestückung in Betracht gezogen werden. Aufgrund der Temperaturempfindlichkeit einzelner Bauelemente ist zu überprüfen, ob Selektivlötverfahren den Massenlötverfahren vorzuziehen sind. Außerdem ist das Leitkleben als Alternative zum Löten in Betracht zu ziehen.

Für eine digitale Umsetzung der Ansteuerung und in Annahme von der Schaltfrequenz unabhängiger Tot- bzw. Signallaufzeiten ist es geeigneter, anstatt des Vorverschiebungswinkels eine Vorverschiebungszeit zu implementieren. Die Vor- und Nachteile einer Anpassung der Vorverschiebungszeit an den jeweiligen Arbeitspunkt des Wandlers gilt es zu untersuchen.

Literaturverzeichnis

[1] H. Aigner, Patentschrift, US 6849828 B2, “Method of Regulating and/or Controlling a Welding Current Source with a Resonance Circuit”, Fronius International GmbH, Pettenbach, Austria, February 2005.

[2] C. Baroncelli, P. Maranesi, R. Rossi, “Linear Models of Diode-Capacitor Rectifiers and Multipliers”, PESC 1996, Baveno, Italy, vol. 1, pp. 818-822, June 1996.

[3] I. Batarseh, "Resonant Converter Topologies with Three and Four Energy Storage Elements”, IEEE Transactions on Power Electronics, pp. 64-73, 1994.

[4] P.J. Baxandall, “Transistor Sine Wave LC Oscillator, some General Considerations and New Developments”, Proceedings of the IEEE, pp. 748-758, May 1959.

[5] F. Belloni, P. Maranesi, M. Riva, “Parameters Optimization for Improved Dynamics of Voltage Multipliers for Space”, PESC 04, Aachen, Germany, vol. 1, pp. 439-443, June 2004.

[6] M. Beyer, W. Boeck, K. Möller, W. Zaengl, „Hochspannungstechnik“, Springer-Verlag, Berlin, 1993.

[7] A.K.S. Bhat, M.M. Swamy, “Loss calculation in transistorized parallel resonant converters operating above resonance”, IEEE Transactions on Power Electronics, vol. 4, pp. 391-401, October 1989.

[8] A.K.S. Bhat, “A Resonant Converter Suitable for 650 V DC Bus Operation”, IEEE Transactions on Power Electronics, vol. 6, no. 4, pp. 739-748, 1991.

[9] A.K.S. Bhat, “A Generalized Approach for the Steady-State Analysis of Resonant Inverters”, IEEE Transactions on Industry Applications, vol. 25, no. 2, March/April 1989.

[10] A.K.S. Bhat, “Analysis and Design of a Series-Parallel Resonant Converter with Capacitive Output Filter”, IEEE Transactions on Industry Applications, vol. 27, no. 3, pp. 523-530, May/June 1991.

[11] S. Bibian, H. Jin, “Time Delay Compensation of Digital Control for DC Switchmode Power Supplies Using Prediction Techniques”, IEEE Transactions on Power Electronics, vol. 15, no. 5, pp. 835-842, September 2000.

[12] F.E. Bisogno, „Energiebasierte Normalisierung und Systemdekomposition mit dem Ziel der Sensitivitätsbetrachtung“, Dissertation, TU-Chemnitz, Juni 2006.

[13] I.N. Bronstein, K.A. Semendjajew, G.Musiol, H. Mühlig, „Taschenbuch der Mathematik“, Verlag Harri Deutsch, Frankfurt am Main, 2005.

[14] W.D. Brown, “Advanced Electronic Packaging”, IEEE Press, Piscataway, NJ, 1999.

[15] S. Busquets-Monge, et al., “Design Optimiziation of a Boost Power Factor Correction Converter Using Genetic Algorithms”, APEC 02, Dallas, Texas, USA, vol. 2, pp. 1177-1182, March 2002.

[16] F.d.S Cavalcante, J.W. Kolar, ”Design of a 5 kW High Output Voltage Series Parallel Resonant DC-DC Converter”, PESC 03, Acapulco, Mexico, vol. 4, pp. 1807-1814, June 2003.

[17] F.d.S. Cavalcante, J.W. Kolar, “Small-Signal Model of a 5 kW High-Output Voltage Capacitive-Loaded Series-Parallel Resonant DC-DC Converter”, PESC 05, Recife, Brasil, pp. 1271-1277, June 2005.

[18] F.d.S. Cavalcante, “High Output Voltage Series-Parallel Resonant DC-DC Converter for Medical X-Ray Imaging Applications”, Dissertation, ETH-Zürich, January 2006.

[19] CeramTec AG, www.ceramtec.com/de/.

[20] G. Chen, et al., “Analysis and design optimization of front-end passive components for voltage source inverters”, APEC 03, Miami Beach, Florida, USA, vol. 2, pp. 1170-1176, February 2003.

[21] P.P. Chu, “FPGA Prototyping by VHDL Examples: Xilinx® Spartan™-3 Version”, Wiley, Februar 2008.

[22] J.D. Cockroft, E.T.S. Walton, “Experiments with High Velocity Positive Ions. Further Developments in the method of High Velocity Positive Ions”, Proc. Roy. Soc., London, U.K., 1932, pp. 619-630.

[23] J.A. Collins, ”An Accurate Method For Modelling Transformer Winding Capacitances”, IECON, Pacific Grove, California, USA, vol. 2, pp. 1094-1099, November 1990.

[24] V. Croulard, et al., ”An Output Feedback Design for Series-Parallel Resonant Converters”, EPE 99, Lausanne, Switzerland, September 1999.

[25] S. Cuk, R.D. Middlebrook, “A General Unified Approach to Modelling Switching-Converter Power Stages”, PESC 1976, pp. 18-34.

[26] curamik GmbH, Krebentrog, Gesprächsnotiz, 06.09.2006.

[27] Darnell Research Group, "AC-DC Power Supplies Global Market Forecasts and Competitive Environment Eighth Edition", March 2006.

[28] S. Diaper, „Volldigitale Regelkreise in getakteten Netzgeräten", Elektronik Informationen, Mai 2007.

[29] Y. Duan, H. Jin, "Digital Controller Design for Switchmode Power Converters", APEC 99, Dallas, Texas, USA, vol. 2, pp. 967-973, March 1999.

[30] Electronic-Bauteile Görlitz GmbH, www.electel.de.

[31] R.W. Erickson, D. Maksimovic, "Fundamentals of Power Electronics", Kluver Academic Publishers, 1999.

[32] J. Feng, Y. Hu, W. Chen, C-C. Wen, "ZVS Analysis of Asymmetrical Half-Bridge Converter", PESC 01, Vancouver, BC, Canada, vol. 1, pp. 243-247, June 2001.

[33] O. Föllinger, „Regelungstechnik-Einführung in die Methoden und ihre Anwendung", Hüthig Buch Verlag, Heidelberg, 1994.

[34] A.J. Forsyth, Y.K.E. Ho, H.M. Ong, "Comparison of Small-Signal Modelling Techniques for the Series-Parallel Resonant Converter", IEEE Power Electronics and Variable-Speed Drives, pp. 268-273, 1994.

[35] D. Fu, Y. Qiu, F.C. Lee, "An Improved Three-Level LCC Converter with a Novel Control Strategy for High-Frequency High-Power-Density Capacitor Charging Power Supplies", APEC 06, Dallas, Texas, USA, pp. 1401-1407, March 2006.

[36] V. Garcia, et al., "An optimized DC-to-DC Converter Topology for High-Voltage Pulse-Load Applications", PESC 94, Taipei, Taiwan, vol. 2, pp. 1413-1421, June 1994.

[37] R. Gean, F. Canales, F.C. Lee, W.C. Tipton, "A High-Frequency High-Efficiency Three-Level LCC Converter for High-Voltage Charging Applications", PESC 04, Aachen, Germany, vol. 8, pp. 4100-4106, June 2004.

[38] F. Gleisberg, „Beiträge zu Entwurf und Anwendung steuerbarer Stromversorgungseinheiten auf Schaltreglerbasis in rechnergeführten physikalischen Experimentieranordnungen", Dissertation, TU-Dresden, 1985.

[39] F. Gleisberg, Patentschrift, DD 217968, A3, „Regelbarer Gleichspannungswandler", TU-Dresden, 1985.

[40] A.W. Green, "Modelling a push-pull parallel resonant converter using generalised state-space averaging", IEE proceedings-B, vol. 140, no. 6, pp. 350-356, November 1993.

[41] H. Greinacher, „Erzeugung einer Gleichspannung vom vielfachen Betrag einer Wechselspannung ohne Transformator“, Bull. Schweiz. Elektrotechn. Ver., vol. 11, pp. 59-66, 1920.

[42] J.M. Hancock, "Future Directions in Semiconductors for Power Electronics", APEC 04, Anaheim, CA, USA, February 2004.

[43] R.D. Harkenthal, „Untersuchung innovativer Stromversorgungen für elektronische Vorschaltgeräte“, Diplomarbeit, TU-Dresden, 2007.

[44] S. Huth, „Digitale Regelkonzepte für getaktete Gleichspannungswandler“, Dissertation, Technische Hochschule Darmstadt, 1997.

[45] www.infineon.de, Datenblatt, SPW20N60C3.

[46] IMS Research Group, "The Worldwide Market for AC-DC and DC-DC Power Supplies – 2007 Edition", October 2007.

[47] IMS Research Group, "The Worldwide Market for Power Supplies & Semiconductors in Power Supplies – 2006 Edition", May 2006.

[48] G. Ivensky, A. Kats, S. Ben-Yaakov, "A Novel RC Model of Capacitive-Loaded Parallel and Series-Parallel Resonant DC-DC Converters", PESC 97, St. Louis, Missouri, USA, vol. 2, pp. 958-961 June 1997.

[49] G. Ivensky, A. Kats, S. Ben-Yaakov, "A Novel RC Model of Capacitive-Loaded Parallel and Series-Parallel Resonant DC-DC Converters" IEEE Transactions on Power Electronics, vol. 14, no. 3, pp. 515-521, May 1999.

[50] N. Iwase, et. al., "Thick Film and Direct Bond Copper Forming Technologies for Aluminium Nitride Substrate", IEEE Transactions on Components, Hybrids and Manufacturing Technology, vol. CHMT-8, no. 2, June 1985.

[51] J. Jacobs, "Multi-Phase Series Resonant DC-to-DC Converters", Dissertation, RWTH-Aachen, 2005.

[52] P.K. Jain, "Performance comparison of pulse width modulated resonant mode dc/dc converters for space applications", IEEE Industry Application Society annual meeting, San Diego, CA, USA, vol. 1, pp. 1106-1114, October 1989.

[53] B.H. Jeong, J.S. Cho, H.S.Mok, G.H. Choe, "A novel Pulse power supply for Magnetron Using High Voltage Capacitor Embedded High Frequency Transformer", APEC 04, Annaheim, CA, USA, vol. 3, pp. 1819-1824, February 2004.

[54] S.D. Johnson, A.F. Witulski, R.W. Erickson, "Comparison of Resonant Topologies in High-Voltage DC Applications", IEEE Transactions on Aerospace and Electronic Systems, vol. 24, no. 3, pp. 263-274, May 1988.

[55] S.D. Johnson, R.W. Erickson, “Steady-state analysis and design of the parallel resonant converter”, IEEE Transactions on Power Electronics, vol. 3, no. 1, pp. 93-104, January 1988.

[56] M.K. Kazimierczuk, K. Puczko, “Power-Output capability of class E amplifier at any loaded Q and switch duty cycle”, IEEE Transactions on Circuits and Systems, vol. 36, no. 8, pp. 1142-1143, February 1987.

[57] M.K. Kazimierczuk, D. Czarkowski, “Resonant Power Converters”, John Wiley & Sons, INC., New York, 1995.

[58] www.keramverband.de.

[59] O. Kilgenstein, „Schaltnetzteile in der Praxis“, Vogel Buchverlag, 1992.

[60] K. Kodani, T. Matsumoto, et al., “Evaluation of Parallel and Series Connection of Silicon Carbide Schottky Barrier Diode (SiC-SBD)”, PESC 04, Aachen, Germany, vol. 4, pp. 2971-2976, June 2004.

[61] T. Komma, E. Drechsler, „Sperrwandlertopologien im Resonanz-Modus“, Technischer Bericht.

[62] T. Komma, „Allgemein gültiger Entwurfsalgorithmus für magnetische Komponenten in Schaltnetzteilen mit unterschiedlichen Topologien und Schaltfrequenzen bis 2 MHz“, Dissertation, TU-Dresden, 2005.

[63] S. Korotkov, et al., “Soft-Switched Half-Bridge DC/DC Converter: Steady-State Analysis. An Analysis of Switching Processes”, Telescon 97, Budapest, Hungary, pp. 177-184, April 1997.

[64] P.T. Krein, „Digital Control Gernerations – Digital Controls for Power Electronics through the Third Generation”, PEDS 2007, Bangkok, November 2007.

[65] A. Lamantia, P.G. Maranesi, L. Radrizzani, “Small-Signal Modell of the Cockroft-Walton Voltage Multiplier”, IEEE Transcations on Power Electronics, vol. 9, no. 1, pp. 18-25, January 1994.

[66] Y.L. Lin, A.F. Witulski, “A Unified Treatment of a Familiy of ZVS and ZCS Resonant Inverters”, APEC 97, Atlanta, GA, USA, vol. 2, pp. 1008-1013, February 1997.

[67] H. Lindner, H. Brauer, C. Lehmann, „Taschenbuch der Elektrotechnik und Elektronik“, Fachbuchverlag Leipzig, 1999.

[68] K. Lunze, „Theorie der Wechselstromschaltungen“, Verlag Technik GmbH, Berlin, 1991.

[69] J. Lutz, „Halbleiter-Leistungsbauelemente“, Springer-Verlag, Berlin, 2006.

[70] H. Lutz, W. Wendt, „Taschenbuch der Regelungstechnik“, Verlag Harri Deutsch, Frankfurt am Main, 2002.

[71] J. Mahadavi, A. Emaadi, M.D. Bellar, M. Ehsani, "Analysis of Power Electronic Converters Using the Generalized State-Space Averaging Approach", IEEE Transactions on Circuits and Systems, vol. 44, no. 8, pp. 767-770, 1997.

[72] M. Mantel, „Einsatz von neuartigen Leistungshalbleitern in innovativen Schaltungskonzepten für die Hilfsspannungsversorgung von Industrieumrichtern", Diplomarbeit, TU-Dresden, Januar 2006.

[73] P.G. Maranesi, F. Raina, M. Riva, "Accurate and nimble forecast of the HV source dynamics" PESC 2000, Galway, Ireland, vol. 1, pp. 539 – 543, June 2000.

[74] T.W. Martin, S.S. Ang, "Digital Control for Switching Converters", ISIE 95, Athens, Greece, vol. 2, pp. 480-484, July 1995.

[75] M. März, "Thermal Management in High-Density Power Converters", International Conference on Industrial Technology, ICIT, Maribor, Slovenia, 2003.

[76] www.mathworks.de, Hilfe "d2c".

[77] www.mathworks.de, Hilfe „linmod".

[78] Micro-Hybrid Electronic GmbH, www.micro-hybrid.de.

[79] R.D. Middlebrook, "Modeling Current-Programmed Buck and Boost Regulators", IEEE Transactions on Power Electronics, vol.4, no.1, pp. 36-52, January 1989.

[80] N. Mohan, "Power Electronics Circuit: An overview", IECON, Singapore, pp. 522-527, October 1988.

[81] N.S. Nise, "Control Systems Engineering", John Wiley & Sons, Inc., 2000.

[82] K. Nitzsche, H.-J. Ullrich, „Funktionswerkstoffe der Elektrotechnik und Elektronik", Deutscher Verlag für Grundstoffindustrie, Leipzig, 1993.

[83] H. Noak, „Implementierung eines Regelalgorithmus für einen dreiphasigen spannungsgeführten Wechselrichter unter Nutzung des FPGA „Spartan™-3"", Diplomarbeit, TU-Dresden, 2006.

[84] Europäische Norm, IEC 61000-3-2.

[85] K. Oberbach, „Kunststoff Taschenbuch", Carl Hanser Verlag, München, 2001.

[86] R. Ortega, A. Loria, H. Sira-Ramirez, P. Nicklasson, "Passivity-Based Control of Euler-Lagrange Systems: Mechanical, Electrical and Electromechanical Applications", Springer Verlag, London, 1998.

[87] R. Oruganti, F.C. Lee, “Resonant Power Processors, Part I-State Plane Analysis”, IEEE Transactions on Industry Applications, vol. IA-21, no. 6, pp. 1453-1460, November/December 1985.

[88] R. Oruganti, F.C. Lee, “Resonant Power Processors, Part II-Methods and Control”, IEEE Transactions on Industry Applications, vol. IA-21, no. 6, pp. 1461-1471, November/December 1985.

[89] K. Parnell, N. Mehta, “Introduction to Programmable Logic“, Xilinx®, Inc., 2004.

[90] J. Patel, L. Brush, “The Hottest Markets for External Power Supplies Now and a Look at Potential Future Markets”, APEC 01, Anaheim, CA, USA, vol. 1, pp. 58-60, March 2001.

[91] H. Pinheiro, P.K. Jain, G.Joós, “Self-Sustained Oscillating Resonant Converters Operating Above the Resonant Frequency”, IEEE Transactions on Power Electronics, vol. 14, pp. 803-815, 1999.

[92] Y. Qi, „Untersuchung verschiedener Modellierungstechniken für einen Reihenparallelresonanzkonverter zur Hochspannungserzeugung“, Diplomarbeit, TU-Dresden, 2008.

[93] J. Martin-Ramos, et al., ”Modelling of the PRC-LCC Resonant Topology with a Capacitor as Output Filter using E.D.F.”, PESC 02, Cairns, Queensland, Australia, vol. 3, pp. 1337-1342, June 2002.

[94] J.A. Martin-Ramos, et al, “Small Size Power Supply for High Voltage Application”, PESC 06, Jeju, Korea, vol. 5, pp. 2578-2583, June 2006.

[95] M.R. Ramteke, H.M. Suryawanshi, K.L. Thakre, “Single-Phase Resonant Converter in Three-Phase System in Modular Approach”, EPE Journal, vol. 16, no. 4, pp. 5-13, December 2006.

[96] M. Rentzsch, H. Güldner, C. Ditmanson, “Closed Analytical Model of a 20 kV Output voltage, 800 W Output Power Series-Parallel-Resonant Converter with Walton Cockroft Multiplier“, PESC 08, Greece, Rhodos, June 2008, accepted paper.

[97] M. Rentzsch, H. Güldner, C. Ditmanson, “Design of an Adjustable High Output Voltage Asymmetrically Switched Class D Converter“, PEDS 07, Bangkok, Thailand, November 2007.

[98] M. Rentzsch, F. Benecke, et al., „Neuartige Hochspannungsversorgungen im Spannungsbereich bis 110 kV und für Leistungen von 60 W bis 10 kW“, Abschlussbericht, Verbundprojekt, Sächsisches Staatsministerium für Wirtschaft und Arbeit, 2007.

[99] S.R. Sanders, J.M. Noworolski, X.Z. Liu, G.C. Verghese, ”Generalized Averaging Methode of Power Conversion Circuits”, IEEE Transactions on Power Electronics, vol. 6, no. 2, pp. 251-259, 1991.

[100] S. Sawant, B.J. Baliga, “A Comparitive Study of High Voltage (4kV) Power Rectifiers PiN/MPS/SSD/SPEED”, 11th International Symposium on Power Semiconductor Devices and ICs, Toronto, Kanada, pp. 153-156, May 1999.

[101] W. Scheel, „Baugruppentechnologie der Elektronik“, Verlag Technik, Berlin, 1999.

[102] U. Schlienz, „Schaltnetzteile und ihre Peripherie“, Vieweg Praxiswissen, September, 2003.

[103] M. Schmid, A. Bucher, T. Dürbaum, D. Kübrich, “Methods for the Analysis of the Parallel Resonant Converter with Capacitive Output Filter”, EPE , Aalborg, Dänemark, September 2007.

[104] M. J. Schutten, V. Vlatkovic, Patentschrift US 6178099 B1 “Optimal Phase-Shifted Control for a Series Resonant Converter”, Schenectady, NY, USA, 2001.

[105] M.J. Schutten, R.L. Steigerwald, M.H. Kheraluwala, “Characteristics of Load Resonant Converters Operated in a High Power Factor Mode”, IEEE Transactions on Power Electronics, vol. 7, pp. 304-314, April 1992.

[106] M.J. Schutten, V. Vlatkovic, R.L. Steigerwald, Patentschrift, US 5546294, “Resonant Converter with Wide Load Range“, General Electric Company, Schenactady, N.Y., USA ,1996.

[107] M. Seifart, „Analoge Schaltungen und Schaltkreise“, Verlag Technik, Berlin, 1980.

[108] Semikron, Datenbuch, 1997/98.

[109] K. Shenai, M. Trivendi, G. Neudeck, “Characterization of Hard- and Soft-Switching Performance of High-Voltage Si and 4H-SiC PiN Diodes”, IEEE Transactions on Electron Devices, vol. 49, no. 9, September 2002.

[110] J.D. Shepard, “Power Electronics Futures”, APEC 04, Anaheim, CA, USA, vol. 1, pp. 31-34, 2004.

[111] B. Sießegger, „Beitrag zur physikalischen Beschreibung von Hochdruck-gasentladungslampen und deren elektronischer Ansteuerung“, Dissertation, TU-Dresden, 2006.

[112] N.O. Sokal, A.D. Sokal, “Class E – A new class of high-efficiency tuned single-ended switching power amplifiers”, IEEE Journal of Solid-State Circuits, vol. SC-10, no. 3, pp. 168-176, June 1975.

[113] R.L. Steigerwald, “A Comparison of Half-Bridge Resonant Converter Topologies”, IEEE Transactions on Power Electronics, vol. 3, no. 2, April 1988.

[114] R.L. Steigerwald, "Analysis of a resonant transistor dc-dc converter with capacitive output filter", IEEE Transactions on Industrial Electronics, vol. IE-32, no. 4, pp. 439-444, November 1985.

[115] J.M. Sun, S.P. Wang, T. Nishimura, M.Nakaoka, "Resonant Mode PWM DC-DC Converter with a high-voltage transformer link and its control method for medical-use X-ray power supply" EPE'99, Lausanne, Switzerland, September 1999.

[116] S. Tenner, „Untersuchung, Aufbau und Inbetriebnahme einer Spannungsvervielfacherschaltung", Studienarbeit, TU-Dresden, 2007.

[117] www.ti.com, Datenblatt, ISO 721.

[118] U. Tietze, Ch. Schenk, „Halbleiterschaltungstechnik", Springer Verlag, Berlin, Heidelberg, 1999.

[119] G.C. Verguese, M.E. Elbuluk, J.G. Kassakian, "A general approach to sampled data modelling for power electronics", IEEE Transactions on Power Electronics, vol. 1, pp. 76-89, July 1986.

[120] V. Vlatkovic, M.J. Schutten, R.L. Steigerwald, "Auxiliary Series Resoant Converter: a New Converter for High Voltage, High Power Applications", APEC 96, San Jose, CA, USA, vol. 1, pp. 493-499, March 1996.

[121] H. A. Vu, „Untersuchung verschiedener Regelungsalgorithmen für einen Reihenparallel-Resonanz-Konverter (LCC-Konverter) zur Hochspannungserzeugung", Masterarbeit, TU-Dresden, September 2006.

[122] J. Wang, et al., "Characteristics of 10 kV SiC MOSFET and PIN Diode and Their Application Prospect in High Frequency DC/DC Converter", PESC 07, Orlando, USA, pp. 72-77, June 2007.

[123] www.wima.com, Datenblatt, FKP1.

[124] A.F. Witulski, R.W. Erickson, "Extension of State Space Averaging to Resonant Switches and Beyond", IEEE Transactions on Power Electronics, vol. 5, no. 1, pp. 98-109, January 1990.

[125] H. Wolf, „Regel- und Steuerverfahren für spannungsbildende Pulstromrichter in statischen Umrichtersystemen", Dissertation, TU-Dresden, 2006.

[126] M. Wolf, A. Pokryvailo, "Investigation of Forward Conduction of High Voltage Diodes at Short High-Current Pulses", Power Modulator Symposium, Arlington, VA, USA, pp. 227-231, May 2006.

[127] J. Xu, C.Q. Lee, "A Unified Averaging Technique for the Modelling of Quasi-Resonant Converters", IEEE Transactions on Power Electronics, vol.13, no. 3, pp. 556-563, May 1998.

[128] E.X. Yang, F.C. Lee, M.M. Jovanovic, “Small-Signal Modeling of LCC Resonant Converter”, PESC 92, Toledo, Spain, vol. 2, pp. 941-948, June-July 1992.

Anhang A

Hochspannungstest einer Aluminiumoxid Keramik

Bei einer 5 mm dicken Aluminiumoxid Keramik (99,8% Al_2O_3) wurde mit einer 50 Hz Wechselspannung ein Hochspannungstest durchgeführt. Um bei der Durchschlagsmessung Überschläge am Prüfling (Abbildung A-1) und Randfelddurchschläge zu vermeiden, befand sich der Prüfling in einem Einbettungsisolierstoff (Mineralöl mit einer Spannungsfestigkeit von 35 kV/mm). Für eine elektrische Verbindung mit dem Hochspannungstransformator wurden zwei Elektroden (Vorder- und Unterseite) mit Hilfe der Dickschichttechnologie aufgedruckt. Der Durchschlag erfolgte bei 67 kV (Spitzenwert).

Abbildung A-1: Al_2O_3 Keramik mit aufgedruckter Elektrode.

Druck- und Bestückungstest

Keramiksubstrate lassen sich wegen ihrer erhöhten thermischen Leitfähigkeit nur bedingt von Hand bestücken. Weiterhin besitzen die in einem Hochspannungsgleichrichter eingesetzten Verdrahtungsträger keine Durchkontaktierungen bzw. Durchstecklöcher für bedrahtete Bauelemente. Da die eingesetzten speziellen 8 kV Hochspannungskondensatoren zurzeit nur in bedrahteter Form verfügbar sind, ist Reflowlöten aus Gründen der thermischen Belastung nicht möglich. Bei den gängigen automatischen Lötverfahren (Dampfphasen- und Infrarotlöten) werden Prozesstemperaturen in Abhängigkeit von der Zusammensetzung des Lotes von bis zu 240°C erreicht. Die maximale Temperatur der hoch isolierenden Folie der Kondensatoren liegt laut Hersteller bei 120°C [30]. Um eine Beschädigung des Bauelementes zu verhindern, wurden zwei alternative Bestückungsvarianten untersucht. Beim Einsatz eines Leitklebers lassen sich die Prozesstemperaturen in Abhängigkeit der Härtungstemperatur des Klebers auf unter 120°C senken [101]. Die mechanische

Festigkeit, der elektrische sowie der thermische Widerstand dieser Verbindung sind allerdings schlechter als die einer Lötstelle. Des Weiteren ist der Leitkleber wesentlich kostenintensiver. Die zweite Variante ist ein Stecksystem, bei dem während des Reflowlötprozesses die Buchse mit dem Verdrahtungsträger verbunden wird. Der Hochspannungskondensator wird in einem weiteren Produktionsschritt aufgesteckt. Bei dieser Variante bedarf es einer Prüfung der Zuverlässigkeit der Steckverbindung. Die Abbildungen A-2 und A-3 zeigen das Bestückungsergebnis beider Varianten mit unterschiedlichen Druckpasten (Gold- und Silber-Platinpaste). Erste Siebdrucktest wurden mit Testkeramiken (Dicke 0,63 mm) durchgeführt.

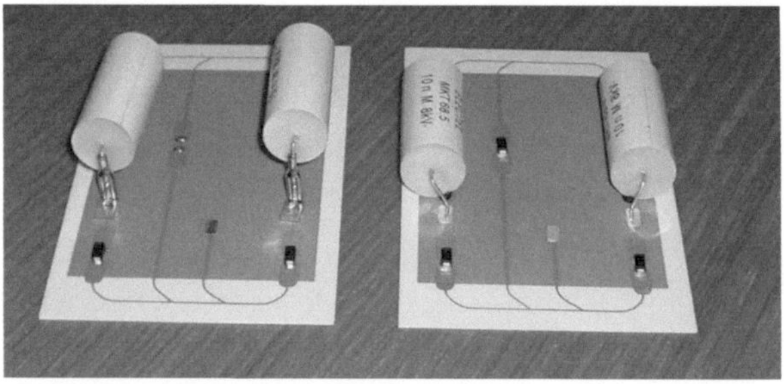

Abbildung A-2: Testkeramik mit Silber-Platinpaste.

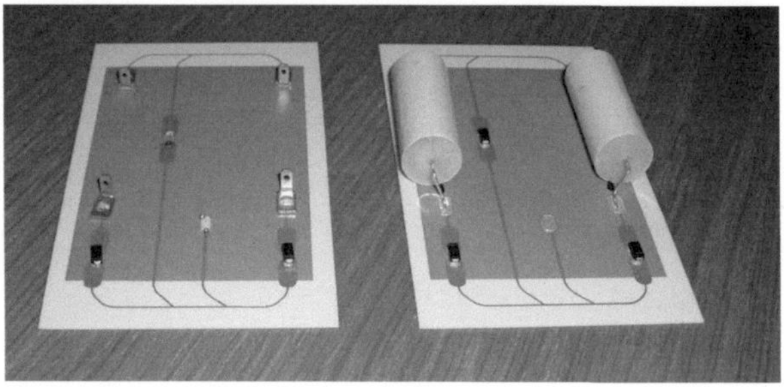

Abbildung A-3: Testkeramik mit Goldpaste.

Durch die Verflüssigung des Lotes während der Kontaktierungsphase löst sich das mit der Goldpaste aufgedruckte Pad vom Verdrahtungsträger. Es kann somit keine zuverlässige Verbindung zwischen den bestückten Bauelementen und dem Verdrahtungsträger hergestellt werden. Bei der Verwendung der Silber-Platinpaste existiert dieses Problem nicht. Beim Einsatz des Leitklebers, jeweils rechts in den beiden Abbildungen zu sehen, sind keine Unterschiede zwischen den beiden Pasten erkennbar. Die entstandenen Verbindungen zwischen Bauelement und Verdrahtungsträger sind elektrisch leitend und besitzen eine mechanische Festigkeit.

Anhang B

Berechnung der Variablen $k_1,\dots,k_4$ der Gleichungen (4.60) – (4.64)

Ausgehend von

$$\left\langle U_{Cp}\right\rangle_1=\frac{1}{2\pi}\left[\begin{array}{l}\int\limits_0^{\varphi_{vor}}u_{Cp}(\vartheta)_1e^{-j\vartheta}d\vartheta+\int\limits_{\varphi_{vor}}^{\varphi_{vor}+\psi}u_{Cp}(\vartheta)_2e^{-j\vartheta}d\vartheta+\int\limits_{\varphi+\psi}^{\varphi_{vor}+\pi}u_{Cp}(\vartheta)_3e^{-j\vartheta}d\vartheta\\+\int\limits_{\varphi_{vor}+\pi}^{\varphi_{vor}+\pi+\psi}u_{Cp}(\vartheta)_4e^{-j\vartheta}d\vartheta+\int\limits_{\varphi_{vor}+\pi+\psi}^{2\pi}u_{Cp}(\vartheta)_5e^{-j\vartheta}d\vartheta\end{array}\right] \tag{B-1}$$

folgt

$$\left\langle U_{Cp}\right\rangle_1=\frac{1}{2\pi}\left[\begin{array}{l}\int\limits_0^{\varphi_{vor}}\left(-U_A+2R_Kx_1\cos\vartheta-2R_Kx_2\sin\vartheta\right)\cdot\left(\cos(\vartheta)+j\sin(\vartheta)\right)d\vartheta\\+\int\limits_{\varphi_{vor}}^{\varphi_{vor}+\psi}\left(-U_A+\frac{2\sqrt{x_1^2+x_2^2}}{\omega_sC_p}+\frac{2x_1}{\omega_sC_p}\sin\vartheta+\frac{2x_2}{\omega_sC_p}\cos\vartheta\right)\cdot\left(\cos(\vartheta)+j\sin(\vartheta)\right)d\vartheta\\+\int\limits_{\varphi+\psi}^{\varphi_{vor}+\pi}\left(U_A+2R_Kx_1\cos\vartheta-2R_Kx_2\sin\vartheta\right)\cdot\left(\cos(\vartheta)+j\sin(\vartheta)\right)d\vartheta\\+\int\limits_{\varphi_{vor}+\pi}^{\varphi_{vor}+\pi+\psi}\left(U_A-\frac{2\sqrt{x_1^2+x_2^2}}{\omega_sC_p}+\frac{2x_1}{\omega_sC_p}\sin\vartheta+\frac{2x_2}{\omega_sC_p}\cos\vartheta\right)\cdot\left(\cos(\vartheta)+j\sin(\vartheta)\right)d\vartheta\\+\int\limits_{\varphi_{vor}+\pi+\psi}^{2\pi}\left(-U_A+2R_Kx_1\cos\vartheta-2R_Kx_2\sin\vartheta\right)\cdot\left(\cos(\vartheta)+j\sin(\vartheta)\right)d\vartheta\end{array}\right], \tag{B-2}$$

Mit $\sin\varphi_{vor}=\frac{-x_1}{\sqrt{x_1^2+x_2^2}}$ und $\cos\varphi_{vor}=\frac{-x_2}{\sqrt{x_1^2+x_2^2}}$ lässt sich der Realteil von Gleichung (B-2) berechnen:

$$\mathrm{Re}\left(\left\langle U_{Cp}\right\rangle_1\right)=\frac{1}{\pi}\left[\begin{array}{l}\left(\frac{x_1}{\omega_sC_P}+x_2R_K\right)\cdot\sin^2\psi+\left(x_1R_K-\frac{x_2}{\omega_sC_P}\right)\cos\psi\sin\psi\\+\left(x_1R_K+\frac{x_2}{\omega_sC_P}\right)\psi\end{array}\right]. \tag{B-3}$$

Für den Imaginärteil von Gleichung (B-2) gilt

$$\mathrm{Im}\left(\left\langle U_{Cp}\right\rangle_1\right)=\frac{1}{\pi}\begin{bmatrix}\left(-x_1R_K+\dfrac{x_2}{\omega_sC_P}\right)\cdot\sin^2\psi+\left(\dfrac{x_1}{\omega_sC_P}+x_2R_K\right)\cos\psi\sin\psi\\-\left(\dfrac{x_1}{\omega_sC_P}+x_2R_K\right)\psi+x_2R_K\pi\end{bmatrix}. \tag{B-4}$$

Mit $\psi=\pi-\theta$ folgt:

$$\mathrm{Re}\left(\left\langle U_{Cp}\right\rangle_1\right)=\frac{1}{\pi}\begin{bmatrix}\left(\dfrac{x_1}{\omega_sC_P}+x_2R_K\right)\cdot\sin^2\theta+\dfrac{1}{2}\left(x_1R_K-\dfrac{x_2}{\omega_sC_P}\right)\sin(2\theta)\\+\left(x_1R_K+\dfrac{x_2}{\omega_sC_P}\right)(\pi-\theta)\end{bmatrix} \tag{B-5}$$

bzw.

$$\mathrm{Im}\left(\left\langle U_{Cp}\right\rangle_1\right)=\frac{1}{\pi}\begin{bmatrix}\left(-x_1R_K+\dfrac{x_2}{\omega_sC_P}\right)\cdot\sin^2\theta+\dfrac{1}{2}\left(\dfrac{x_1}{\omega_sC_P}+x_2R_K\right)\sin(2\theta)\\-\left(\dfrac{x_1}{\omega_sC_P}+x_2R_K\right)(\pi-\theta)+x_2R_K\pi\end{bmatrix}. \tag{B-6}$$

Der Fourierkoeffizient der Spannung u_{Cp} beträgt:

$$\left\langle U_{Cp}\right\rangle_1=x_5+jx_6$$

mit $x_5=x_1k_1+x_2k_2$ und $x_6=x_1k_3+x_2k_4$. (B-7),(B-8)

Die Variablen $k_1,\dots,k_4$ lassen sich mit Hilfe eines Koeffizientenvergleiches der Gleichungen (B-5) bis (B-8) bestimmen:

$$k_1=\frac{\sin^2\theta}{\pi\omega_sC_p}+\frac{R_K\sin(2\theta)}{2\pi}+\frac{R_K}{\pi}, \tag{B-9}$$

$$k_2=\frac{R_K\sin^2\theta}{\pi}-\frac{\sin(2\theta)}{2\pi\omega_sC_p}+\frac{1}{\pi\omega_sC_p}, \tag{B-10}$$

$$k_3=-\frac{R_K\sin^2\theta}{\pi}+\frac{\sin(2\theta)}{2\pi\omega_sC_p}-\frac{(\pi-\theta)}{\pi\omega_sC_p}\quad\text{sowie} \tag{B-11}$$

$$k_4=\frac{\sin^2\theta}{\pi\omega_sC_p}+\frac{R_K\sin(2\theta)}{2\pi}-\frac{R_K(\pi-\theta)}{\pi}+R_K. \tag{B-12}$$

Bestimmung von $\langle |i_T| \rangle_0$

$$\langle |i_T| \rangle_0 = \frac{1}{2\pi}\int_0^{2\pi} |i_T(\vartheta)|\, d\vartheta = \frac{1}{\pi}\int_{\varphi_{vor}+\psi}^{\varphi_{vor}+\pi} |i_T(\vartheta)|\, d\vartheta \text{ (Mittelwert des Gleichrichterstromes)} \qquad \text{(B-13)}$$

für $\varphi_{vor} + \psi \le \vartheta < \varphi_{vor} + \pi$, also während θ, leiten die Gleichrichterdioden und

$$i_T(\vartheta) = i_{RES}(\vartheta) \approx 2x_1 \cos\vartheta - 2x_2 \sin\vartheta\,. \qquad \text{(B-14)}$$

Der betrachtete Zeitabschnitt liegt in der positiven Halbschwingung von i_{RES}

$$|i_T(\vartheta)| = i_T(\vartheta)\,. \qquad \text{(B-15)}$$

Mit $\psi = \pi - \theta$ sowie $\sin\varphi_{vor} = \frac{-x_1}{\sqrt{x_1^2 + x_2^2}}$ und $\cos\varphi_{vor} = \frac{-x_2}{\sqrt{x_1^2 + x_2^2}}$

ergibt sich

$$\langle |i_T| \rangle_0 = \frac{2\sqrt{x_1^2 + x_2^2}}{\pi}(1 - \cos\theta)\,. \qquad \text{(B-16)}$$

Bestimmung der Leitdauer θ des Ausgangsgleichrichters

Für $\varphi_{vor} \le \vartheta < \varphi_{vor} + \psi$ gilt

$$u_{Cp}(\vartheta)_2 = -U_A + \frac{2\sqrt{x_1^2 + x_2^2}}{\omega_s C_p} + \frac{2x_1}{\omega_s C_p}\sin\vartheta + \frac{2x_2}{\omega_s C_p}\cos\vartheta\,. \qquad \text{(B-17)}$$

Mit

$$u_{Cp}(\varphi_{vor} + \psi) = U_A + 2x_1 R_K \cos(\varphi_{vor} + \psi) - 2x_2 R_K \sin(\varphi_{vor} + \psi) \qquad \text{(B-18)}$$

sowie $\sin\varphi_{vor} = \frac{-x_1}{\sqrt{x_1^2 + x_2^2}}$ und $\cos\varphi_{vor} = \frac{-x_2}{\sqrt{x_1^2 + x_2^2}}$

folgt

$$\cos\left(\psi - \arctan\left(\omega_s C_p R_K\right)\right) = 1 - \frac{U_A \omega_s C_p}{\sqrt{x_1^2 + x_2^2}} \text{ bzw.} \qquad \text{(B-19)}$$

$$\psi = \arccos\left(1 - \frac{U_A \omega_s C_p}{\sqrt{x_1^2 + x_2^2}}\right) + \arctan\left(\omega_s C_p R_K\right)\,. \qquad \text{(B-20)}$$

Mit $\psi = \pi - \theta$ und $U_A \approx \langle U_A \rangle_0 = x_7$ wird

$$\theta = \pi - \arccos\left(1 - \frac{x_7 \omega_s C_p}{\sqrt{x_1^2 + x_2^2}}\right) - \arctan\left(\omega_s C_p R_K\right) \text{ bzw.} \tag{B-21}$$

$$\theta \approx \arccos\left(\frac{x_7 \omega_s C_p}{\sqrt{x_1^2 + x_2^2}} - 1\right). \tag{B-22}$$